Introduction to Electromagnetism

電磁気学入門

宮原恒昱 著

共立出版

本シリーズの刊行にあたって

　物理学は，自然現象の中に潜む単純な原理を探って，それによって理解を広げてゆくことをめざす学問である．そのため，他の自然科学や先端技術を支える基礎的な学問になっている．

　自然科学や技術開発に携わろうとする人々にとって物理学は必修の学問である．多くの学問が物理学の成果をその土台の一部に持っているだけでなく，物理学的なものの見方や自然へのアプローチが自然科学のひとつの見本ともなっているからである．

　残念なことに昨今，物理学は難しいという声を聞く．しかし，基本事項を正しく理解して，順に応用範囲を広げていけば次第にわかるようになり面白くなってくる．

　本シリーズでは，現代の自然科学や科学技術の基礎を支えている物理学の基本事項をやさしく解説する．特に，基本概念の理解や考え方の説明に重点を置く．物理学が数学を使って自然を理解する学問であるため，難しいという印象を与えるようである．そこで，数学で書かれた法則と，数学的方法を手段としてそれを発展させる部分の混同を避けるために，物理学の部分と数学の部分がよく分かれているように記述を工夫する．項目は厳選し，どのような学習をすれば，自然界を深く認識できるのかを伝えられるように工夫する．さらに，本質をつく例題・演習問題を付けるようにした．

本シリーズの刊行にあたって

全体を10巻のシリーズとして，物理学研究の第一線で活躍されながら，教育にも力を注いでおられる方々に執筆をお願いした．構成は以下の通りである．

物理学入門	光学入門
力学入門	統計物理学入門
電磁気学入門	量子論入門
熱力学入門	物性論入門
振動・波動入門	相対論入門

本シリーズが21世紀の我が国の自然科学，先端技術をになう若い読者に歓迎されることを願ってやまない．

なお，本シリーズは，共立出版(株)編集部の古川昭政氏の強いご意思によって生まれたものであるが，氏はその発刊を待たずに他界された．氏のご尽力に感謝しご冥福を祈りたい．

東京大学大学院総合文化研究科教授

兵 頭 俊 夫

まえがき

　理解する対象としてみると，力学などとくらべても電磁気学はある意味で非常に難しい学問である．なぜならば，力学などと違って「誘電体」や「磁性体」という概念をつうじて物質の巨視的な性質がからんでくるからである．逆に言えば，真空中だけを対象にするならば電磁気学は力学と同程度にやさしくなる．だが，使うという立場からは物質を考慮の対象からはずすわけにいかない．真空中を伝播する電磁波は身近な存在であるが，それ以上に生活環境の中には電磁気の法則を利用した機器で満ちあふれている．

　したがって，日常生活の観点からは，電磁気学はまずもってそれを具体的問題に適用できることが重要であるように見える．ところが電磁気学を正しく使えるようになるには，相当に深い理解が必要なのである．不十分な理解で用いると誤った答えが出る事例が極めて多いという事情も電磁気学の特徴といえる．力学とくらべて直感だけでは正しい答えを得にくい．

　物理学の他の科目もそうであるが，特に電磁気学は，理解することと問題を解ける能力を養うことは独立の課題である．もちろん，問題を解くことは理解の助けになるし，十分理解がないとちょっと目新しい問題は解けなくなる．そういう意味ではこの2つの課題は関連しているが，教育の現場においては，多くの大学で通常の授業と演習が独立な授業として用意されている場合が多い．

　本書では，まずもって電磁気学の法則を正しく理解するということに重点

をおいた．浅い理解で問題をたくさん解いて「理解した気にさせる」というのは教育現場においては確かに一つの選択であるが，より高度な問題につきあたったとき，正しい答えを得られなくなる可能性がある．著者の教育経験によれば，物理学は基礎から順次積み上げていく学問体系であり，基礎の理解があいまいでは後で必ず困難につきあたる場合が少なくないようである．

　本書の各章末の例題も，解くための技術を習得するのが目的ではなく，理解を深めるのが目的である．各章のまとめも，その章の内容が理解できたかどうかのチェックポイントである．このように，「入門」であるからこそ，少しでも正しく深く理解することを主たる目的にしたのが本書である．

　本書の執筆を振り返ると，一応の原型が出来上がったのは約1年半前であるが，その後，監修者をはじめとする専門家や教育現場の意見をも伺いながら，また過去の名著をも参照しながら，テーマの絞込みや記述の修正等を行うのに予想以上の時間がかかってしまった．辛抱強く待っていただいた編集部の赤城氏に感謝する次第である．

　2002年11月

著　者

目　　次

はじめに　　1

第 1 章　身近な量　　2
- 1.1　電荷と電流 2
- 1.2　仕事率とエネルギー 3

第 2 章　新しい概念　　5
- 2.1　ベクトル場 5
- 2.2　スカラー場 6
- 2.3　線積分 7
- 2.4　表面積分 8
- 2.5　力学的仕事 10

第 3 章　電気と電荷　　12
- 3.1　電荷とクーロンの法則 12
- 3.2　電荷のつくる場としての電場—ベクトル場— 14
- 3.3　電場ベクトルの加算性 14
- 3.4　電位 15
- 3.5　保存力 19

vi　目　次

 3.6　電位の勾配 22
 3.7　導体 23
 3.8　点電荷のつくる電位 24
 3.9　電気双極子 25

第4章　ガウスの法則　30
 4.1　ガウスの法則の積分形 30
 4.2　ガウスの法則の応用 33
  4.2.1　直線電荷による電場と電位 33
  4.2.2　面電荷による電場 35
  4.2.3　球状の電荷による電場 36
  4.2.4　ガウスの法則の一般性 37
 4.3　電位の見積り 38
  4.3.1　直線状電荷の場合 38
  4.3.2　面状電荷の場合 39
  4.3.3　球状電荷の場合 40

第5章　平行板コンデンサとその容量　43
 5.1　平行板コンデンサ 43
 5.2　コンデンサの容量と電気エネルギー 44
 5.3　コンデンサの直列接続と並列接続 46

第6章　誘電分極　49
 6.1　誘電分極の起源 49
 6.2　真電荷と「分極電荷」 50
 6.3　電場と電束密度 52
 6.4　誘電体の内部の電場 54
 6.5　分極場 56
 6.6　静電遮蔽 57
 6.7　誘電体があるときの電気エネルギー 58
 6.8　境界面における電場と電束密度 60
 6.9　導体の境界面 63

6.10	誘電体のエネルギー	66
6.11	導体と電束密度	66

第7章 ガウスの法則の微分形 　70

7.1	ガウスの法則の局所的表現	70
7.2	ベクトルの発散とガウスの法則の微分形	73

第8章 磁気と電流，ビオ・サバールの法則 　75

8.1	磁気の理論をどのように定式化するか	75
8.2	N極とS極の等量性	76
8.3	磁荷のクーロンの法則と磁気双極子	76
8.4	薄板磁石	78
8.5	電流と電流密度	81
8.6	定常電流	82
8.7	ビオ・サバールの法則	82

第9章 電流のつくる磁場とアンペアの法則の積分形 　87

9.1	無限に長い直線電流による磁場	87
9.2	無限に広い平面内に一様に流れる電流による磁場	90
9.3	円電流による磁場と薄板磁石との等価性	91
9.4	長い円筒電流による磁場	93
9.5	薄板磁石を用いた「アンペアの法則の積分形」の導出	95

第10章 ベクトル場の回転とアンペアの法則の微分形 　98

10.1	ベクトル場の回転	98
10.2	保存場の回転	103
10.3	ベクトルポテンシャル	103
10.4	単極磁極の有無について	106
10.5	アンペアの法則の微分形	107

第11章 アンペアの法則の応用 　111

11.1	太さのある無限に長い電流による磁場	111
11.2	無限に長いソレノイドの外部の磁場	113

第12章 インダクタンス　　116
12.1 磁束 116
12.2 インダクタンスの定義 117
12.3 長いソレノイドのインダクタンス 119
12.4 相互インダクタンス 121

第13章 電磁誘導　　123
13.1 電磁誘導の基本的描像 123
13.2 電流による磁気エネルギー 125

第14章 磁性体とそのはたらき　　128
14.1 インダクタンスの変化 128
14.2 インダクタンス増大の定量的記述 128
14.3 磁気分極の場 131
14.4 薄い磁性体 133
14.5 磁性体の境界 134
14.6 磁性体の永久分極 135
14.7 磁性体があるときのアンペアの法則 136
14.8 電磁石の原理 137

第15章 ローレンツ力　　140
15.1 ローレンツ力の定義 140
15.2 電流により閉回路にはたらく力 141
15.3 サイクロトロン運動 142

第16章 巨視的な電気力学　　146
16.1 フレミングの左手の法則 146
16.2 電流間にはたらく力 148
16.3 発電器の原理 149
16.4 電磁ブレーキ 152

第17章 マクスウェルの方程式　　156
- 17.1 変位電流　　156
- 17.2 電磁誘導の表現　　159
- 17.3 マクスウェルの方程式の境界条件　　160
- 17.4 ベータトロン加速　　161
- 17.5 変圧器　　163

第18章 電磁波　　166
- 18.1 波動方程式　　166
- 18.2 真空中の電磁波の速さ　　167
- 18.3 横波としての電磁波　　169
- 18.4 進行電磁波における電場と磁場の関係　　171

第19章 電磁気学の単位系　　173
- 19.1 物理量の次元　　173
- 19.2 電磁気学の単位に必要なもの　　173
- 19.3 数値の一貫性　　174
- 19.4 SI単位系の実際　　175

付録　　177
- A.1 ベクトルの内積（スカラー積）と外積（ベクトル積）　　177
- A.2 関数の偏微分　　178
- A.3 立体角　　179
- A.4 公式 $\mathrm{rot\,rot}\,\boldsymbol{A} = \mathrm{grad}(\mathrm{div}\,\boldsymbol{A}) - \nabla^2 \boldsymbol{A}$ の証明　　180
- A.5 ビオ・サバールの法則からアンペアの法則の微分形を導くこと　　181

問題解答　　184
索引　　193

はじめに

　電磁気学は，多くの電気的・磁気的現象を統一的にとりあつかう学問体系である．現象を巨視的にとらえて微視的な現象に立ち入らないので，しばしば「古典電磁気学」ともよばれ，微視的な力学である量子力学を前提にした「量子電磁気学」と区別される．
　したがって，本書では，微視的な描像をも参考にしながら，最終的には，電磁気学の法則に現れる巨視的な量は巨視的な現象のみを通して矛盾なく定義できることを明らかにする．
　また，物理学の公式には非常に基本的なものと，単なる数学的関係を表したもの，派生的なもの等がある．そこで本書では，重要な関係式には式の番号を太字で表現することにする．
　なお，各章の末尾にその章の重要事項のまとめが書いてある．それが理解できない場合はもう一度その章を読んでいただきたい．どのような学問もその基礎が特に重要であるが，電磁気学も例外ではない．本書では，特に1章から3章までは非常に重要である．3章の末尾にあるまとめが理解できてから4章以下に進まれることを勧める．

第1章

身近な量

1.1 電荷と電流

電子1個の電荷（負であるので $-e$ と書く）はクーロン（C）という単位で表して

$$-e = -1.60217733 \times 10^{-19} \text{クーロン}$$

である．e は電気素量とよばれる．これは大変に小さい量である．なぜなら1アンペアの電流とは，ある断面を通して1秒間に約1クーロンの電荷が流れている状態を表すから，日常生活で経験する数アンペアの電流では，電子がある断面を1秒間当り 10^{20} 個も通り抜けているのである．導体のなかに電流に寄与する電子の数が単位体積当り n 個あったとしよう．この電子の集団の平均の速度の導線に沿った方向の成分の大きさを v とし，導線の断面積を S とする．図1.1に示すように，単位時間当りに断面 S を通過する電子の数 N

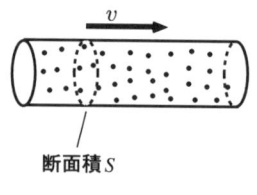

図 1.1

は
$$N = nvS \tag{1.1}$$
となるから，単位時間当りに通過する電荷 q は
$$q = -envS \tag{1.2}$$
となる．v が秒速で表されていれば，1 秒間に S を通過する電荷の総量が q クーロンであるから，q アンペアの電流が流れていることになるのである．

1.2 仕事率とエネルギー

さて，電流を流すには，通常，電池などの電源が用いられる．電池はその起電力により一定の電圧 V ボルトを与えるとしよう．このとき単位時間当りに電池が放出するエネルギー（すなわち**仕事率**）がワットという単位で与えられる．この仕事率を P ワットで表し，電流を I アンペアとすると
$$P = VI \tag{1.3}$$
となる．

このような状態が t 秒間続いたとしよう．P は仕事率であったからこの t 秒間の間に電池が放出したエネルギーを E_b とすると
$$E_b = VIt \tag{1.4}$$
となる．このエネルギーは通常，導線の抵抗によるジュール熱やその他の非電気的エネルギーとなって放出される．(1.4) において，It は t 秒間に電池が供給した電荷の総量であるからこれを q' とおくと
$$E_b = Vq' \tag{1.5}$$
と表すことができる．この式から，電圧（ボルト）と電荷（クーロン）との積はエネルギー（ジュール）に関係していることがわかる．

ところで，電池の供給する総電荷を表すのに「Ah」（アンペア・アワーと読む）とか「mAh」とかいう単位が用いられることがある．これはアンペア

(A) またはミリアンペア（mA）という電流の単位に h で表す 1 時間（3600 秒）を掛けたものを単位としている．500 mAh と表記してあれば，この電池は約 1800 クーロンの電荷を供給できるのである．電圧を 1.5 ボルトとすればこの電池は約 2700 ジュールのエネルギーを供給する能力があることになる．

[この章の重要事項]
1) 仕事はエネルギーの一種である．
2) 仕事と仕事率は違う．単位時間当りの仕事が仕事率である．ワットは仕事率の単位である．
3) V ボルトの起電力の電池が Q クーロン電荷を供給したとき，VQ ジュールのエネルギー（仕事）を供給したことになる．
4) 1 秒間に Q クーロンの電荷が流れている電荷の流れは 1 アンペアである．

問題 1.1 2 つの同じ電池を並列接続した場合と直列接続した場合で，取り出せるエネルギーの総量は異なるかどうか考察せよ．

第2章

新しい概念

2.1 ベクトル場

ベクトルは大きさと向きをもった量である．これを太文字で書き表すことが多い．あるベクトル $\boldsymbol{C}$ は XYZ 直交座標では3つの成分 C_x, C_y, C_z をもっている．このベクトルの向きは原点 (0,0,0) から点 (C_x, C_y, C_z) に向かう直線に平行である．このときベクトル $\boldsymbol{C}$ の大きさを C または $|\boldsymbol{C}|$ で表す．成分で書くと

$$C = |\boldsymbol{C}| = \sqrt{C_x^2 + C_y^2 + C_z^2} \tag{2.1}$$

となる．ベクトルを平行移動しても大きさと向きは変わらないからやはり同じベクトルである．

ところで，図 2.1 のような川の流れがあったとすると，流れの速度をベクトル $\boldsymbol{C}$ で表すと，それは場所によって異なっている．川の場合では狭いところで速さが大きくなり，また川が曲がっているとベクトルも向きを変える．以上のように，川の流れを表す速度ベクトルは場所に依存している．ベクトル

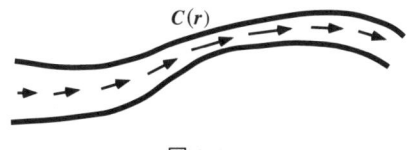

図 2.1

が場所に依存するとは，それぞれの成分が場所に依存することである．すなわち，場所を表すベクトルを r としてその成分を x, y, z とすると，場所に依存することを

$$C_x = C_x(\boldsymbol{r}),\ C_y = C_y(\boldsymbol{r}),\ C_z = C_z(\boldsymbol{r}) \tag{2.2}$$

または

$$\begin{aligned} C_x &= C_x(x, y, z), \\ C_y &= C_y(x, y, z), \\ C_z &= C_z(x, y, z) \end{aligned} \tag{2.3}$$

と書き表すことができる．これらの式はいずれもベクトル C の各成分が場所に依存していることを表している．

以上をまとめて，ベクトル C が場所に依存していることを単に $C(r)$ と書くことが多い．このように場所に依存したベクトルをベクトル場という．電磁気学に関連したベクトルはほとんどが場所に依存しておりベクトル場である．たとえば電場や磁束密度はしばしば E と B というベクトルで表されるが，これらは両方とも一般には場所に依存したベクトル場である．

2.2 スカラー場

大きさしかもたない量をスカラー量という．その大きさが場所に依存することがある．このスカラー量を ϕ とし，

$$\phi = \phi(\boldsymbol{r}) = \phi(x, y, z) \tag{2.4}$$

と書き表して，場所依存性があることを明瞭に示す場合もある．**場所の関数であるスカラー量をスカラー場という**．電磁気学ではスカラー量が場所の関数であることが多いが，電磁気学で最も重要なスカラー場は「電位」と「磁位」である．

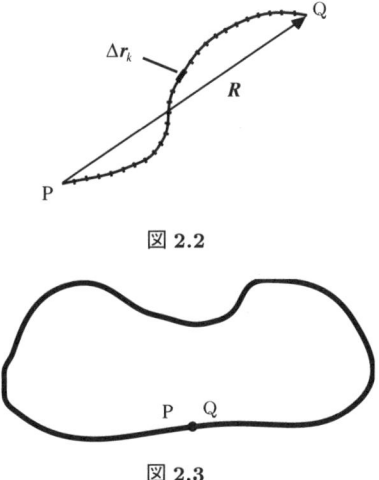

図 2.2

図 2.3

2.3 線積分

ベクトル場 $C(r)$ がある．このとき XYZ 空間のなかに図 2.2 のような曲線を考える．この曲線上の 2 つの点 P と Q の間を図のように細かく分割しよう．このように細かく分けた微小部分は大きさと方向をもつから微小なベクトルである．k 番目の微小ベクトルを Δr_k と表そう．この Δr_k を微小変位という．点 P から Q に向かうベクトルを R とすると，Δr_k を加えた結果はベクトルの足し算であるから R に等しい．すなわち

$$\sum_k \Delta r_k = R \tag{2.5}$$

これを積分で書けば

$$\int_P^Q dr = R \tag{2.6}$$

となる．これは線積分とよばれるものの最も簡単な例である．すなわち指定した曲線に沿って微小変位を点 P から Q まで線積分したという．

特別な場合として図 2.3 のように始点 P と終点 Q が一致していると $R = 0$ であるから，微小変位の積分は

$$\int_P^P dr = 0 \tag{2.7}$$

8　第 2 章　新しい概念

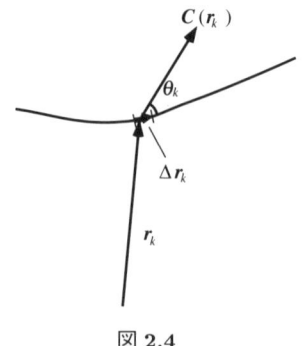

図 2.4

となる．ただし右辺は大きさゼロのベクトルという意味であえて太字を用いた．

しかし，電磁気学によくでてくる線積分はもう少し複雑である．図 2.4 のように，まず微小ベクトル $\Delta \boldsymbol{r}_k$ を含む曲線上の位置 $\boldsymbol{r}_k$ にたいしてその場所のベクトル場 $\boldsymbol{C}(\boldsymbol{r}_k)$ を求める．次にこのベクトルと微小ベクトル $\Delta \boldsymbol{r}_k$ との内積（スカラー積）を計算する．この内積は記号的に

$$\boldsymbol{C}(\boldsymbol{r}_k) \cdot \Delta \boldsymbol{r}_k = C(\boldsymbol{r}_k) \Delta r_k \cos \theta_k \tag{2.8}$$

と書くことができる．すなわち内積は，それぞれのベクトルの大きさを掛け算してさらにその間の角の余弦を乗ずれば得られる．ベクトルの内積（スカラー積）については付録 A.1 節を参照されたい．

次に (2.8) を P から Q までのすべての微小ベクトル $\Delta \boldsymbol{r}_k$ について加えるのであるが，分割を無限に細かくした極限 F は一定の値になる．これを積分記号を用いて以下のように書く．

$$F = \int_{\mathrm{P}}^{\mathrm{Q}} \boldsymbol{C}(\boldsymbol{r}) \cdot \mathrm{d}\boldsymbol{r} \tag{2.9}$$

当然であるが，積分を実行するには曲線を指定する必要がある．またこの積分の結果はベクトルでなくてスカラー量である．

2.4　表面積分

電磁気学によく登場する表面積分とは以下のような量である．線積分の場合と同様に，あるベクトル場 $\boldsymbol{C}(\boldsymbol{r})$ を考えよう．次に図 2.5 のように XYZ 空

2.4 表面積分

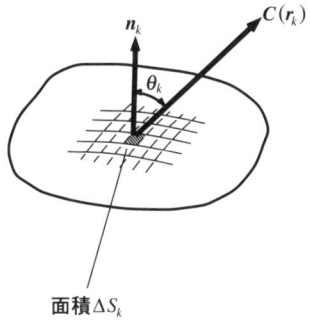

面積 ΔS_k

図 **2.5**

間内にある閉曲面を考える．閉曲面上の任意の点でベクトル場 $C(r)$ が定義されている．そこで，この閉曲面を細かく分割しその k 番目の微小な面の位置を r_k で代表させよう．そうすると，その位置でのベクトル場は $C(r_k)$ である．

次に，k 番目の微小な面の面積を ΔS_k とし，さらにこの面に垂直なベクトルで曲面の外向きで長さ 1 のベクトルを n_k とする．このときやはりベクトルの内積を用いて

$$C(r_k) \cdot n_k \Delta S_k = C(r_k) \Delta S_k \cos\theta_k \tag{2.10}$$

という量を定義する．ただし θ_k は $C(r_k)$ と n_k とのなす角である．(2.10) は，$C(r_k)$ について，この微小な面に垂直な成分の大きさと微小な面積との積を求めたことに相当する．

以上の計算を，分割を無限に細かくしてすべての微小な面について足し合わせた極限 F は一定の値になる．これを積分記号を用いて以下のように書く．

$$F = \int C(r) \cdot n \, dS \tag{2.11}$$

これは (2.10) 式を念頭においた直接的表現であるが，教科書によっては，微小表面に垂直なベクトル $C(r)$ の成分すなわち $C(r) \cdot n$ を $C_n(r)$ と書いて

$$F = \int C_n(r) \, dS \tag{2.12}$$

という表現も用いられている．上式においてもし $C_n(r) = 1$ ならば，F は指定された曲面の面積を与えることに注意しよう．

2.5 力学的仕事

2つの物体 A,B があって相互に力をおよぼしあっているときに，A が B におよぼす力 $\boldsymbol{f}_\mathrm{AB}$ と B が A におよぼす力 $\boldsymbol{f}_\mathrm{BA}$ は大きさが等しく互いに向きが反対である．これをニュートンの第3法則または「作用反作用の法則」という．式で表すと

$$\boldsymbol{f}_\mathrm{AB} + \boldsymbol{f}_\mathrm{BA} = \boldsymbol{0} \tag{2.13}$$

となる．これは大変に重要な法則で，経験によればこの法則は破れている例がないことが知られている．

次に物体 A（たとえば人間の手）が物体 B に力 $\boldsymbol{f}$ を加えて押してみる．この結果物体 B が微小な距離 d$\boldsymbol{r}$ だけ動いたとしよう．このとき，A が B にたいした仕事 dW は

$$\mathrm{d}W = \boldsymbol{f} \cdot \mathrm{d}\boldsymbol{r} \tag{2.14}$$

で表される．$\boldsymbol{f}$ も d$\boldsymbol{r}$ もベクトル量であり，それらの内積をとっているから dW はスカラー量である．たとえば，$\boldsymbol{f}$ と d$\boldsymbol{r}$ が互いに直交していると内積はゼロであるから，A は B にたいして仕事をしたことにならない．ここでもし，物体 B がある曲線に沿って点 P から Q まで移動したならば (2.14) は (2.9) 式に類似した線積分

$$W = \int_\mathrm{P}^\mathrm{Q} \boldsymbol{f} \cdot \mathrm{d}\boldsymbol{r} \tag{2.15}$$

に置き換えられる．物体 A は物体 B にたいしてこれだけの仕事をしたのである．ここで，$\boldsymbol{f}$ が場所に依存するときは $\boldsymbol{f}$ はベクトル場である．すなわち物体 B を押す力の大きさや向きは場所によって変化してよいのである．**(2.15) 式は物理学の種々の公式のなかで最も基本的な関係の1つである**．

図 2.6 はおもり M が糸にとりつけられて振り子の運動をしている状態を示す．ここで糸の張力 T はおもりに対して仕事をするだろうか．確かに糸はおもりを引っ張ってはいるが，おもりの運動方向はこの張力とつねに垂直であり，(2.14) によれば，この糸の張力はなんの仕事もしていないのである．

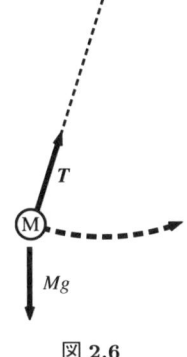

図 2.6

[この章の重要事項]
1) 力とそれによる物体の移動量はどちらもベクトル量である．
2) それらのベクトルの内積（スカラー積）をとると，力が物体になした仕事（エネルギー）となる．
3) それを線積分で表すと (2.15) 式である．
4) ニュートンの作用反作用の法則は電磁気学でも成立する．
5) 電磁気学ではベクトル場，スカラー場の概念が本質的に重要である．
6) 表面積分 (2.11) の意味をしっかり理解しよう．
7) 力のなした仕事を表す (2.15) は物理学の法則のなかでも最も基本的な法則の 1 つである．

問題 2.1 (2.9) 式において $C(r)$ が r に依存しないベクトル b に等しかったとする．このとき始点と終点が一致するような閉曲線に沿った線積分がゼロになることを示せ．

第3章

電気と電荷

　この章は本書のなかでも特別に重要な章である．この章を十分に理解してから後の章に進むのがよいであろう．

3.1　電荷とクーロンの法則

　電磁気学では大きさのない点とそれが担う電荷 q を考える．大きさのない電荷を**点電荷**という．ミクロな物理学では電荷には最小の量が存在することが知られている．1.1 節で述べたようにそれは電子の電荷であるが，これは負と定義されているので $-e$ と書くことがある．ちなみに，陽電子や陽子の電荷は e である．しかし，古典的な電磁気学では電荷 q はどのような値でもゆるされる．

　さて，2 つの点電荷 q_1, q_2 が距離 r だけ離れておかれていたとしよう．このとき**クーロンの法則**は次の 3 つの経験的事実を表現する．

① 2 つの点電荷にはたらく力の向きはそれらを結ぶ直線に平行である．
② 2 つの点電荷にはたらく力は大きさが等しく互いに逆向きである．すなわち作用反作用の法則が成立する．
③ 力の大きさは 2 つの電荷の積 $q_1 q_2$ に比例し r^2 に反比例する．

以上のことを数式で表現すると以下のようになる．

$$\boldsymbol{f}_1 = \frac{Kq_1q_2\boldsymbol{r}_{12}}{r^3}$$

$$\boldsymbol{f}_2 = \frac{Kq_2q_1\boldsymbol{r}_{21}}{r^3}$$

$$\boldsymbol{r}_{12} = \boldsymbol{r}_1 - \boldsymbol{r}_2 = -(\boldsymbol{r}_2 - \boldsymbol{r}_1) = -\boldsymbol{r}_{21}$$

$$\text{すなわち } \boldsymbol{f}_2 = -\boldsymbol{f}_1 \tag{3.1}$$

ここで K は比例定数である．$\boldsymbol{f}_1$, $\boldsymbol{f}_2$ はそれぞれ電荷 q_1 および q_2 にはたらく力で，大きさだけでなく向きを示す量であるからベクトル量である．このベクトル量の向きを表現するために，電荷 q_1 の位置から q_2 の位置に向かうベクトルを $\boldsymbol{r}_{21}$，その逆向きのベクトルを $\boldsymbol{r}_{12}$ とおいた．これらのベクトルを r で割ったものは長さ 1 の単位ベクトルになっていることに注意しよう．したがって (3.1) 式は確かに r^2 に反比例しているのである．

科学者クーロンはねじり秤を用いて (3.1) の関係を確かめた．後に彼は磁気についても同様の法則が成立するのを確かめている．磁気については 8 章で論じよう．

$\boldsymbol{r}_{12}, \boldsymbol{r}_{21}$ の大きさをメートル (m)，電荷 q_1, q_2 の単位をクーロン (C)，力 $\boldsymbol{f}_1$ および $\boldsymbol{f}_2$ の大きさの単位をニュートン (N) で表したとき，比例定数 K は新しい比例定数 ε_0 を用いて

$$K = \frac{1}{4\pi\varepsilon_0} \tag{3.2}$$

と書き表される．ただし ε_0 の値は，実験によって

$$\varepsilon_0 = 8.854188 \times 10^{-12} \, \mathrm{C}^2/(\mathrm{m}^2\mathrm{N})$$

で与えられる．ε_0 は**真空の誘電率**とよばれる．

以上の数値から見積もると，われわれが日常的に経験する力の観点からは，クーロンという単位はかなり巨大であることがわかる．1C（クーロン）の点電荷 2 個を 1m の距離離しておくと，そのあいだにはたらく力は実におよそ 90 万トン・重（地球上に 90 万トンの物体をおいたときの重力）に等しいのである．もちろん電流という観点からみると，クーロンという単位はそれほど大きな単位ではないことは 2 章で述べた通りである．

3.2 電荷のつくる場としての電場——ベクトル場——

クーロンの法則は2つの点電荷にはたらく力について述べたものであるが，次のように見方を変えることができる．まず，電荷 q_1 が次のような電場ベクトル E を電荷 q_2 の位置につくると仮定しよう．

$$E = \frac{Kq_1 r_{21}}{r^3} \tag{3.3}$$

この電場ベクトルは式 (3.1) とくらべてみると，q_2 にはたらく力 f_2 を q_2 で割ったものになっていることがわかる．当然

$$f_2 = q_2 E \tag{3.4}$$

となっているから，f_2 は E に比例しておりベクトルの向きは q_1 の符号だけで決まる．したがって，クーロンの法則を解釈しなおすと「電荷 q_2 は電荷 q_1 のつくる電場 E によって力 $q_2 E$ を受ける」と言い換えることができるのである．

ところでベクトル E は r_{21} によること，すなわち電荷 q_2 の位置に依存していることは (3.3) 式より明らかである．しかし q_2 の値そのものによらないから，単に観測する場所によっているといってもよい．したがって電場 E は，適当に原点を定めた位置ベクトル r を用いて $E(r)$ と書いたほうが，その位置依存性がよりはっきりする．したがって電場ベクトル E は 2.1 節で述べたベクトル場の例であることがわかる．

電場の大きさの単位は (3.4) 式より N/C とすることができる．次の節で述べるようにこの単位は V(ボルト)/m という単位に置き換えることができる．また (3.3) 式の K の値は，(3.2) 式で与えられる．

3.3 電場ベクトルの加算性

数学的にはベクトルは足し算引き算が可能である．しかし，物理学は現実の世界をあつかうものであるから，加減算の結果が意味のある物理量を表しているかを実験や経験によって検証せねばならない．

いま，図 3.1 のように q_1, q_2, q_3 の3つの点電荷を考えて，q_1 がつくる電場の q_3 の位置での値を E_1，q_2 のつくる電場の q_3 の位置での値を E_2 としよう．

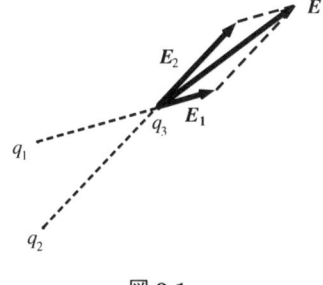

図 3.1

経験によれば電荷 q_3 の受ける力 f は

$$f = q_3(E_1 + E_2)$$

となることが知られている．このことは q_3 の感じる電場は

$$E = E_1 + E_2 \tag{3.5}$$

というようにベクトルの足し算をすれば得られることを意味している．このようにベクトルの和で同様な物理量が与えられることを「重ね合わせの原理」が成立しているという．

このように重ね合わせの原理が成立すると，**電荷の大きさと位置が与えられれば任意の位置での電場は一意的に決まる**，ということが結論される．これも重要な法則で**一意性の法則**という．

3.4 電位

「電位」はわれわれの日常経験では感覚的に理解しやすいものである．たとえば，1.5 V の乾電池をもってくると，その正極は負極にたいして 1.5 V だけ電位が高いということができる．すなわち，電位の実用単位は V（ボルト）である．さて，電位と電場との関係を考えてみよう．電位は大きさだけをもつ量（スカラー量という）であり，電場はベクトル量であるという違いがある．一方，(3.4) は，電場と力との関係を与えている．ところで，2.5 節で述べたように，この外力により電荷が変位 Δr だけ動いたとすると電場が電荷

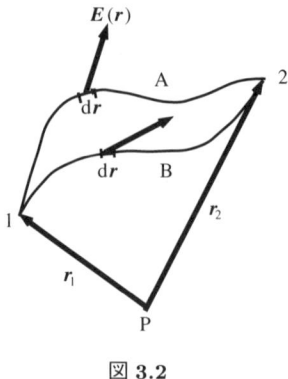

図 3.2

になした仕事 ΔW は

$$\Delta W = \boldsymbol{f} \cdot \Delta \boldsymbol{r} \tag{3.6}$$

で与えられる．ここで，(3.3) と (3.4) を考慮して (3.6) を次のように書き換えて ΔV を定義する．

$$\Delta V = -\frac{\Delta W}{q_2} = -\boldsymbol{E} \cdot \Delta \boldsymbol{r} \tag{3.7}$$

この ΔV が，電位の微少な変化を表しているのである．ここで，正電荷をもってきたときに力が電位の高いほうから低いほうに向かってはたらくように，電位の符号が定義される．したがって，右辺に負号がつくことに注意しよう．

もし，もっと長い距離を動かす場合，電位の変化をどう表したらよいであろうか．そのためには 2.3 節で述べた「線積分」という数学的な表現が必要になる．位置 $\boldsymbol{r}_1$ から $\boldsymbol{r}_2$ まで変化したときの電位の変化を V_{21} とすると，線積分を用いて

$$V_{21} = -\int_1^2 \boldsymbol{E} \cdot \mathrm{d}\boldsymbol{r} \tag{3.8}$$

と定義される．ここでは電場ベクトル $\boldsymbol{E}$ は位置ベクトル $\boldsymbol{r}$ の関数すなわちベクトル場である．ところで一般には，線積分では線の形状すなわち，$\boldsymbol{r}_1$ から $\boldsymbol{r}_2$ にいく道筋を指定する必要があった．図 3.2 は点 1 から点 2 までの 2 つの異なった道筋に沿っての線積分の概念を表している．重要なことは「一般に

3.4 電位

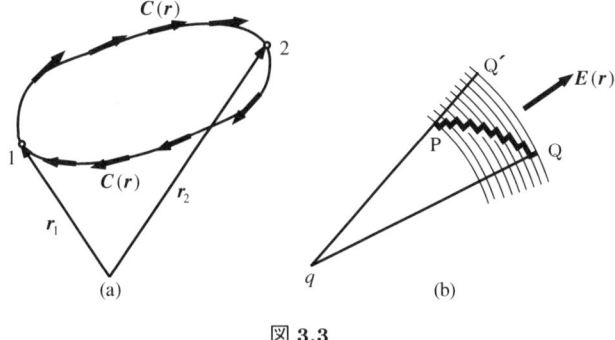

図 3.3

は線積分の値はこの道筋によって異なる」ということである．たとえば，図 3.3(a) のようなベクトル場 $C(r)$ を考え，点 1 から点 2 までの線積分を図のように 2 通り考えると，一方の線積分はもう一方と値が違うばかりでなく符号が逆にさえなっている．このようなベクトル場は後に磁気について学ぶときにでてくるので注意しよう．

また，線積分は同じ道筋を逆向きにおこなうと，その値の絶対値は同じであるが符号が逆になることも，重要な性質である．

さて，クーロンの法則から導かれる重要な結論の 1 つは「**静電場については線積分 (3.8) は積分の道筋によらない**」ということである．ここで「静電場」とは静止した電荷によってつくられる時間的に変化しない電場のことである．このような電場は，図 3.3(a) のようなベクトル場とは違ったベクトル場である．このことを図 3.3(b) で考えてみよう．

クーロンの法則 (3.3) の大事な点は，電荷が 1 個しかないとき電場ベクトルはつねに電荷の方向またはその逆を向いていること，および，電荷からの距離が一定ならば電場の大きさも一定であることである．そこで積分路としてP から Q までの道筋の曲線を図のように電荷から一定の距離にある微小な円弧（電場ベクトルに直交している）と電場ベクトルに平行な微小な直線に細かく分割してみよう．(3.8) の線積分を考えると微小な円弧の部分は E と dr が直交していて積分に寄与しないが，電場に平行な微小な積分路だけが線積分に寄与する．

ところがクーロンの法則により**電場の大きさは電荷からの距離**だけによっ

ているから，上の積分は点 P から Q′ を経由して Q までの積分で置き換えることができる．ただし，点 Q および Q′ から電荷 q までの距離はたがいに等しいとすると，Q′ から Q までは $\boldsymbol{E} \cdot \Delta \boldsymbol{r} = 0$ であるから積分に寄与しない．したがって，P から Q までどのように道筋を選んでも，線積分は P から Q′ までの直線に沿った線積分に帰着されてしまうのである．すなわち線積分の値は道筋によらないことになる．

電荷が複数あっても，それらによる電場は (3.5) のようにベクトルの和で表せるから，それぞれの電場についての線積分が道筋によらないことを考慮すると，電場がクーロンの法則から生み出されている限りは，複数の電荷があっても (3.8) の積分は道筋によらないのである．

このことから，「電位は場所のみの関数である」ということがわかる．実際 (3.8) の積分が道筋に依存するようでは，電位は場所だけの関数にならない．また逆に電位が場所だけの関数であれば，電荷をある点から動かして元にもどってきたら，同じ電位になっているのであるから (3.8) の線積分はゼロになっていなければならない．

(3.8) の線積分が，任意の閉曲線（元にもどるような任意の道筋）に対してゼロになることと，線積分自体が道筋によらないことが等価であることは，次のようにしてわかる．図 3.2 において 1 から 2 までの線積分は上の曲線 A に沿っておこない，2 から 1 にもどってくる線積分は曲線 B に沿っておこなわれて，元にもどってきたとしよう．それぞれの線積分の値を A_{12} および B_{21} とする．この全体の線積分の和がゼロであるということは $A_{12} = -B_{21}$ を意味する．次に B に沿っての線積分を逆向きに 1 から 2 までおこなったものを B_{12} とすると $B_{12} = -B_{21}$ である．以上より $A_{12} = B_{12}$ となって 1 から 2 までの線積分は道筋が A でも B でも等しいことが結論された．A, B は任意の道筋であったから，このことは，線積分の結果が道筋によらず，その結果，位置 $\boldsymbol{r}$ だけによる関数 $V(\boldsymbol{r})$ の存在を保証していることが確かめられた．したがって $V(\boldsymbol{r})$ はスカラー場である．

ここで注意すべきは，論理を逆転させて，電位が場所のみの関数であればクーロンの法則を導けるというわけにはいかないことである．クーロンの法則では電場の大きさは電荷からの距離の 2 乗に反比例している．この 2 乗が 3 乗でも 4 乗でもとにかく距離だけの関数になっており，かつ向きが観測点

と電荷を結ぶ直線に平行でさえあれば（これを力学では**中心力**という）(3.8) の線積分は道筋によらないのである．したがって，クーロンの法則のように場が 2 乗に反比例することは，特別な事情である．

さて，上のようにして，電位 V の存在が保証されても，「電位は他の基準に対して相対的にのみ定まる」ことに注意しよう．実際，ある電場が与えられたからといって，ある特定の電位が決まるわけではない．**電位はある基準の位置を定めたときその点の電位と別の点における電位との差，すなわち「電位差」**としてのみ与えられるのである．すなわち $V(\boldsymbol{r})$ そのものは観測可能な量ではなく，電位差 $V(\boldsymbol{r}_2) - V(\boldsymbol{r}_1)$ が観測可能な量なのである．

前節で述べたように，電場が一意性の定理を満足しているので**電位差も一意性の定理を満足する**．しかし，電位そのものは基準のとりかたによって定数だけ値に任意性がある．

また，1.2 節で述べたように，電位は電荷を乗ずるとエネルギーになるので，電荷 q を位置 $\boldsymbol{r}_1$ から位置 $\boldsymbol{r}_2$ に移動させると電気的エネルギーは

$$W_E = q(V(\boldsymbol{r}_2) - V(\boldsymbol{r}_1)) \tag{3.9}$$

だけ増大する．すなわち，電位 V が位置 $\boldsymbol{r}$ だけの関数とすれば，これに電荷を乗じたエネルギーも位置だけの関数となり「**位置のエネルギー**」の一種であるということができる．力学でいう重力による位置のエネルギーも，ある基準に対する相対的な値しか定義できないという性質をもつことは，電位の場合とまったく同様である．

「電圧」という用語は電位の場所依存性（スカラー場としての性質）を意識しないときに用いられる．すなわち，ある 2 点を暗黙に指定してそれ以外の点を考えないとき，その 2 点間の電位差を「電圧」とよぶことが多い．

3.5 保存力

上で述べたような，道筋によらない位置のエネルギーが定義できるベクトル場によってつくられる力を力学の用語で「**保存力**」という．したがって静電場（静止した電荷による電場）によって電荷が受ける力は保存力である．また，このような電場を複数個組み合わせてベクトル和をとってもそれはやは

20   第3章　電気と電荷

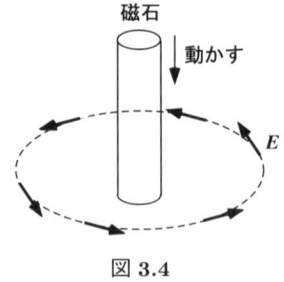

図 3.4

り電場ベクトルであり，この電場から電荷が受ける力は保存力である．

　身近な例では，重力の場（やはりベクトル場である）によって質点が受ける力も保存力である．つまり，**保存力**とは，それによって**仕事をしたとき，位置のみによってエネルギーの増減量が定まる**ような力である．この意味では，電気の力と重力は似ている．しかし，この両者は決定的に違うところがある．その1つは，電気には正負があるために引力と斥力があるが重力はつねに引力であるということである．

　また，電場であっても，**保存力でなくなる場合**がある．たとえば，後に述べるような電磁誘導の場合，磁場の変化によって図 3.4 のような円周状のベクトル電場 $\bm{E}$ が生ずる．この電場の円周に沿った線積分は，図 3.3(a) におけるベクトル場 $\bm{C}(\bm{r})$ の線積分と同様に，道筋によっている．したがって位置のみによるエネルギーが定まらないので，この電場が電荷におよぼす力は明らかに「保存力」ではない．

　ここで，以上の保存力について，少し数学的な考察をしてみる．まず，位置 $\bm{r}$ のみの関数である電位 $V(\bm{r})$ が与えられたとする．このとき，

$$V(\bm{r}) = 一定 \tag{3.10}$$

という関係はなにを表しているだろうか．$\bm{r}$ は3次元空間では3つの空間座標を含んでいるから (3.10) を満足する位置は1点ではありえず無数にありそうである．たとえば，つねに電場ベクトルに垂直になるように電荷を動かしていくと (3.7) の内積はいつもゼロであるから電位の変化はない．このような，エネルギー一定（したがって電位 $V(\bm{r})$ も一定）の曲線をすべて集めてくると，3次元空間内の1つの曲面になることが予想される．

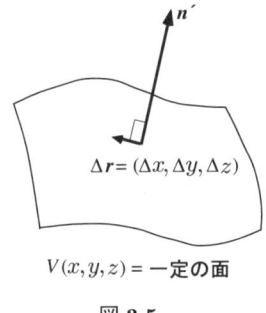

図 3.5

すなわち，(3.10) の関係は電位が一定の曲面を表し，これに電荷を掛け算して考えれば位置エネルギー一定の曲面を表すことがわかる．この曲面を**等電位面**という．電荷がある等電位面から出発していろいろ動いた結果，元の等電位面（別な場所でよい）にもどってくれば，電荷にはたらく力による仕事の総和はゼロである．このように，エネルギー一定（保存）の条件が幾何学的な意味をもつので「保存力」という言葉がつくられたのである．

次に，(3.10) を書き換えて

$$V(x, y, z) = C \tag{3.11}$$

とおこう．これがつくる曲面（すなわち等電位面）上で図 3.5 のように x, y, z をそれぞれ $\Delta x, \Delta y, \Delta z$ だけ動かしてみよう．このことは，点 (x, y, z) の近傍では，微少なベクトル $\Delta r = (\Delta x, \Delta y, \Delta z)$ が面上にあることを意味する．これが面内にあれば，$V(x,y,z)$ は変化しないはずである．これを数学的に表すと次のようになる．(偏微分については付録 A.2 節を参照.)

$$\Delta V \equiv \frac{\partial V}{\partial x}\Delta x + \frac{\partial V}{\partial y}\Delta y + \frac{\partial V}{\partial z}\Delta z = 0 \tag{3.12}$$

上式の左辺 ΔV は一般に x, y, z の変数が同時に微小変化したときの関数 V の変化を表したにすぎない．ここで，ベクトルの内積はそれぞれの成分の積の和で書ける（付録 A.1 節参照）ことに注目しよう．そうすると (3.12) は，微小なベクトル $\Delta r = (\Delta x, \Delta y, \Delta z)$ と次のベクトル $\boldsymbol{n}'$

$$\boldsymbol{n}' = \left(\frac{\partial V}{\partial x}, \frac{\partial V}{\partial y}, \frac{\partial V}{\partial z} \right) \tag{3.13}$$

との内積がゼロであること，すなわち直交していることを意味しているのである．

Δr は閉曲面内の任意の方向でよいから，これらすべてに直交するベクトルは，この面に立てた垂線の方向を向いていなければならない．一般に曲面にたいしての垂線を「法線」または法線ベクトルとよぶ．したがって，n' は法線ベクトルに平行である．

n' はエネルギー一定の面に垂直であるから，局所的にみれば点 (x,y,z) から n' の方向に進むと最も V が大きく変化することがわかる．3 次元でなく 2 次元で考えれば n' は等電位線にたいして垂直なベクトルであるが，等電位線は地図に山の高さ（電位に相当する）を示すときの等高線に似ている．したがって 2 次元では n' は最大傾斜の方向を向いている．これを 3 次元に拡張して n' はエネルギー（または電位）の「**最大傾斜の方向を向いている**」と表現することがある．

次に重要な性質は，電位 $V(x,y,z)$ が与えられたとき n' は電荷にはたらく力の方向とも平行であることである．（力の向きは電荷の符号による．）このことは以下のように背理法で証明できる．もし力が等エネルギー面（等電位面）に垂直でなかったとすると，この力のベクトルをこの面に投影すると面内でゼロでない力の成分 f' をもたねばならないことになる．そこで，ある電荷を等エネルギー面上でこの成分 f' に沿って動かすと，ゼロでない力によりゼロでない仕事をすることになり，動かす前後でエネルギーが変化する．これは，この面が等エネルギー面であるという仮定に反する．よって，n' は力の方向と平行であることが証明された．

3.6　電位の勾配

あるスカラー量 ϕ（電位はスカラー量である）から，ある種のベクトルをつくる，**grad**（日本語では勾配とよぶ）という記号を以下のように定義しよう．

$$\mathbf{grad}\,\phi = \left(\frac{\partial \phi}{\partial x}, \frac{\partial \phi}{\partial y}, \frac{\partial \phi}{\partial z}\right) \tag{3.14}$$

ϕ として，電位 V をとると，(3.14) は (3.13) の右辺の n' そのものである．したがって，(3.14) は電荷にはたらく力 f と平行である．だが，力そのもので

はない．ここで正の電荷 q をもってきたとき，力の向きは電位の高いところから低いところに最大傾斜の方向を向くはずである．これを書き表すと，

$$\boldsymbol{f} = -q\,\mathrm{grad}\,V \tag{3.15}$$

となることが以下のようにしてわかる．

まず上式と (3.4) により電場を電位を用いて表すと，

$$\boldsymbol{E} = -\mathrm{grad}\,V \tag{3.16}$$

となる．次に (3.15) において $\boldsymbol{f}$ にさからって $-\boldsymbol{f}$ の力で電荷 q を $\Delta \boldsymbol{r}$ だけ移動させると，その仕事 W は (3.12) の左辺の等式を考慮して

$$W = -\boldsymbol{f} \cdot \Delta \boldsymbol{r} = q\,\mathrm{grad}\,V \cdot \Delta \boldsymbol{r} = q\Delta V \tag{3.17}$$

と計算される．したがって (3.15) および (3.16) が仕事の観点から正しいことがわかる．(3.16) は，**積分のかわりに微分を用いているという**意味で **(3.8) 式の逆の表現になっており，電場が保存力の場で表されていることを意味している**．

また，(3.5) 式によると電場ベクトルは重ね合わせることができた．したがって点電荷が複数あるとき，それぞれの点電荷による電位も足し合わせることができる．電位はスカラー量であるが**重ね合わせの原理が成立している**．

(3.16) 式によると，電場の単位は V（ボルト）を m（メートル）で割った単位すなわち V/m を用いてもよいことがわかる．すなわち N/C という電場の単位は V/m という単位と同等である．

3.7 導体

電気をよく通すもの，すなわち電気抵抗の小さいものを導体という．導体のなかでは自由に動ける電荷が非常に多数あることが特徴である．この電荷は正電荷であっても負電荷であってもよく，あるいはその両方であってもよい．また導体は全体として正または負に帯電できるし中性にもなることができる．したがって導体は，自由に動けない電荷をも含めて考えれば，必ず正

負両方の電荷をもっている．帯電していない導体は多数の自由電子があるとともに，それを打ち消すだけのイオンによる正電荷がある．

このような導体を電場のなかにおいてみよう．そうすると，導体のなかの電荷が電場による力を受けて動くのであるが，たとえば電子は電場ベクトルの反対向きに動いてもともといた場所に自分の穴（相対的に正電荷をもつ）をあけたことになる．このような電荷分布がつくる電場は最初の電場を打ち消すようにはたらいている．ここで導体の内部に少しでも電場が残っていればさらに電荷が動いてその電場を弱めてしまう．このようなことが次々とおきると（実際には一瞬におきるが）最終的には導体の内部に電場はなくなってしまう．電場がなければ電荷を動かしても仕事はゼロであるから，(3.9) により電位は一定である．

すなわち，「**電場を打ち消すに要する十分な量の自由に動ける電荷をもつ導体の内部に電場はなく電位は一定である**」という重要な結論が得られるのである．もちろん，導体に電池などの電圧源をつないだ場合はこの限りではない．電圧源は，導体の電気抵抗がゼロでない限り強制的に起電力による電位を与えて電場をつくりだすからである．

3.8　点電荷のつくる電位

原点 ($r = 0$) にある点電荷 q が位置 r につくる電場は (3.3) と (3.2) より

$$E(r) = \frac{1}{4\pi\varepsilon_0}\frac{qr}{r^3} \tag{3.18}$$

で与えられる．これから (3.8) 式を用いて電位を求めてみよう．まず対称性の考察をしてみると，電場ベクトルは点電荷から位置 r を結ぶ直線に平行である．したがって (3.8) の積分をこの直線に沿っておこない，線積分を 1 次元の問題に帰着させることができる．そうすると (3.18) の両辺のベクトルはその大きさだけを考えて計算すればよい．その結果，右辺では r が分子と分母で約されて結局 r の 2 乗に反比例することになる．

ところで電位は必ずなんらかの基準点から測る必要があるので**無限遠方の電位をゼロ**としよう．このとき (3.8) の積分区間を無限遠方からある距離 r_0 までとすると

$$V(r_0) = -\frac{q}{4\pi\varepsilon_0} \int_\infty^{r_0} \frac{1}{r^2}\mathrm{d}r$$
$$= \frac{q}{4\pi\varepsilon_0 r_0}$$

となる．r_0 のかわりに一般の位置 $\boldsymbol{r}$ で表現すると

$$V(\boldsymbol{r}) = \frac{q}{4\pi\varepsilon_0 r} \tag{3.19}$$

となる．この式は，複雑な電荷の配置の場合でも点電荷にわけて考えるときの基礎になる重要な式である．すなわち，多数の電荷があるときは (3.19) のような電位を足し合わせればよく，**電位の重ね合わせの原理**が成立する．特に 2 つの電荷がある場合については次の節であつかう．

3.9 電気双極子

クーロンの法則を用いると，(3.5) 式の重ね合わせの原理を利用して，複数の点電荷による電場や電位を求めることができる．特に大きさが等しく符号が反対の 2 つの点電荷による電場は重要である．そこで「電気双極子」とよばれる次の問題を考えてみる．

2 つの点電荷 q および $-q$ が距離 d だけ離れておかれている．$p = qd$ を一定に保ったまま，d をゼロに近づけた極限の電場を求めてみよう．

まず，この系は q から $-q$ に向かう軸にたいして回転対称性があることに気がつく．したがって，2 つの電荷を含む任意の平面について電場を求めれば，これをこの軸にたいして回転させたものが求める 3 次元空間内の電場である．このようにして，問題は 2 次元平面内の問題に還元できる．

そこで図 3.6 のように，q および $-q$ から観測点 P までのベクトルを $\boldsymbol{r}_1$ および $\boldsymbol{r}_2$ とし，2 つの電荷を結ぶ直線とそれらのなす角度を θ_1 および θ_2 とする．d をゼロに近づけた極限ではそれらは共通の角度 θ に収束する．したがって 2 つの距離の差は図より

$$r_1 - r_2 = d\cos\theta \tag{3.20}$$

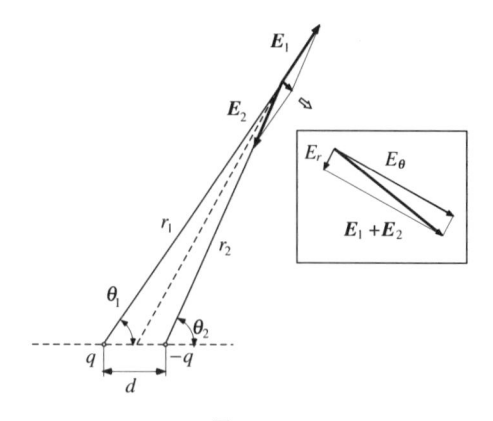

図 3.6

となるが，これは d を小さくすればいくらでも微少になる量である．次に，q および $-q$ による電場ベクトルを E_1 および E_2 としよう．これらはおおよそ反対の方向を向くことは電荷の符号より明らかである．

このベクトルの成分を表すために，通常の XY 直交座標ではなく，原点からの距離 r と基準直線にたいする角度 θ からなる座標系を考えよう．これを「2 次元極座標」という．いまの場合，原点は 2 つの電荷の中点，基準線は 2 つの電荷を結ぶ直線である．そこで E_1 および E_2 を合成したベクトルを

$$E = E_1 + E_2 \tag{3.21}$$

とし，E の 2 つの成分を極座標で E_r と E_θ と書こう．E_1 と E_2 はおおよそ反対方向を向いているが，詳しくみると $\alpha = \theta_2 - \theta_1$ だけ角度が違っている．α は

$$\alpha = \frac{d \sin \theta}{r} \tag{3.22}$$

と近似できる．

また，クーロンの法則により 2 つの電場の大きさは

$$E_1 = \frac{q}{4\pi\varepsilon_0 r_1^2}$$

$$E_2 = \frac{q}{4\pi\varepsilon_0 r_2^2} \tag{3.23}$$

である．したがって d をゼロにする極限では E_r はこれらの差と考えてよく

$$\begin{aligned}
E_r &= E_2 - E_1 \\
&= \frac{q}{4\pi\varepsilon_0}\left(\frac{1}{r_2^2} - \frac{1}{r_1^2}\right) \\
&\fallingdotseq \frac{q}{4\pi\varepsilon_0}\frac{2r(r_1 - r_2)}{r^4} \\
&\fallingdotseq 2\frac{q}{4\pi\varepsilon_0}\left(\frac{d\cos\theta}{r^3}\right)
\end{aligned} \tag{3.24}$$

となる．ただし (3.20) 式のあとで注意したように，極限的に r_1 および r_2 が r に等しくなることを用いた．結局，$p = qd$ を一定にして d をゼロにする極限では

$$E_r = \frac{2p\cos\theta}{4\pi\varepsilon_0 r^3} \tag{3.25}$$

という結果が得られた．この電場は**距離 r の 3 乗に反比例する**のが特徴である．

次に，E_θ は図 3.6 より，ベクトルの合成の平行四辺形を考えると，E_1 または E_2 （これらの大きさはほとんど等しい）に，これらのなす角度の差 α の正弦を乗じた量であることがわかる．α は (3.22) によって，d がゼロに近づけばいくらでも小さくなるから，$\sin\alpha \fallingdotseq \alpha$ とみなしてよい．したがって

$$\begin{aligned}
E_\theta &\fallingdotseq E_1\alpha \fallingdotseq \frac{qd\sin\theta}{4\pi\varepsilon_0 r^3} \\
&= \frac{p\sin\theta}{4\pi\varepsilon_0 r^3}
\end{aligned} \tag{3.26}$$

と表されることがわかる．これも距離の 3 乗に反比例することに注目しよう．

(3.25) と (3.26) により，得られた電場を図示すると図 3.7 のようになる．このようにしてできた電場を**双極子電場**といい，p のことを**双極子モーメントの大きさ**という．また，上の表示における θ は d をベクトルと考えたときの向きを基準にしているから，p をベクトルと考えて，**電気双極子モーメント p** を定義することができる．またすでに述べたように，図 3.7 では平面的に描かれているが，実際の電場の様子はベクトル p にたいして軸対称になっていることに注意しよう．

図 3.7

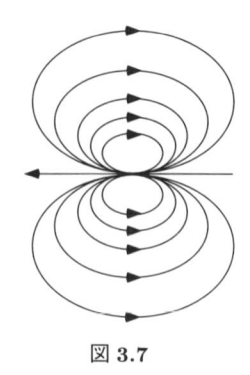

次に電気双極子のつくる電位を求めよう．前節でおこなったのと同様に無限遠方の電位をゼロとする．図 3.6 をみながら電位について考えると，$\pm q$ の点電荷がつくる電位はそれぞれ

$$V_1 = \frac{q}{4\pi\varepsilon_0 r_1}$$
$$V_2 = -\frac{q}{4\pi\varepsilon_0 r_2} \tag{3.27}$$

となる．重ね合わせの原理が成立するからこれらを足し合わせると

$$V_1 + V_2 = \frac{q}{4\pi\varepsilon_0}\left(\frac{1}{r_1} - \frac{1}{r_2}\right)$$
$$= \frac{q}{4\pi\varepsilon_0}\frac{r_2 - r_1}{r_1 r_2}$$

となるが，(3.20) に注意すると

$$V_1 + V_2 = \frac{q}{4\pi\varepsilon_0}\frac{d\cos\theta}{r^2}$$

となる．$p = qd$ を思いおこしてまとめると，求める電位 $V(\boldsymbol{r})$ は

$$V(\boldsymbol{r}) = \frac{p}{4\pi\varepsilon_0}\frac{\cos\theta}{r^2} \tag{3.28}$$

で与えられることがわかる．なお，上のように電位を求めてから (3.16) を用いて電場を求めることもできるが，問題 3.2 で扱う．

点電荷の電位が距離 r に反比例していたのに対して，**双極子による電位は距離の 2 乗に反比例する**ことに注目しよう．

[この章の重要事項]

この章は特別に重要な章であるので，以下のことを納得するまで読み返してみることを勧める．

1) 2つの電荷の間にはたらく力は (3.1) で表される．1つの点電荷が他の電荷におよぼす力は中心力である．
2) このうち一方の電荷のつくる電場は (3.3) または (3.16) で表される．これに (3.4) を仮定するとクーロンの法則と同じ力が得られる．
3) (3.8) のように電場ベクトルを線積分すると電位差 V になる．電荷 Q をこの電位差がある2点間で動かす仕事の大きさは QV である．
4) この仕事は電位差 V と Q だけで決まり，移動の道筋によらない．
5) 電流が流れていなければ，導体の内部に電場はなく電位は一定である．
6) V はスカラー場であるがその最大傾斜のベクトルは $\mathbf{grad}\,V$ で与えられ，(3.16) のようにその符号を反転させた量が電場ベクトルになる．
7) 電場と電位差は一意性の定理を満足する．
8) 電気双極子はベクトル $\boldsymbol{p}$ とみなすことができる．
9) 電気双極子のつくる電場は距離の3乗に反比例する．
10) 電気双極子のつくる電位は，無限遠方をゼロとして (3.28) で与えられる．距離の2乗に反比例し，双極子ベクトル $\boldsymbol{p}$ となす角の余弦に比例する．

問題 3.1 1クーロンの同符号の電荷が 1mm 離れてあるとき，それらにはたらく反発力を求めよ．導線のなかを自由に動ける電荷がこの反発力で飛び出してもよさそうであるが，実際にはそうはならない．その理由を考察せよ．

問題 3.2 電気双極子による電位が無限遠方を基準にして (3.28) で与えられるとき，これの勾配（**grad**）を計算して (3.16) を用いることにより，電場を求めよ．

第4章

ガウスの法則

4.1 ガウスの法則の積分形

図 4.1 に点電荷 q による電場とこの点電荷を中心とした球を描いた．球の半径を r とするとその表面積は $4\pi r^2$ である．一方，電場は r^2 に反比例する．したがって両者の積は一定になることが予想される．しかもこの一定値は中心にある電荷に比例するはずである．ここで (3.18) 式をもう一度書くと

$$E = \frac{1}{4\pi\varepsilon_0}\frac{q\boldsymbol{r}}{r^3} \tag{4.1}$$

ここで，q は中心にある電荷，$\boldsymbol{r}$ は電荷から球の上のある点に向かうベクトルであり，$\boldsymbol{r}/r$ は単位ベクトルであった．ε_0 は真空の誘電率とよばれた．

q を中心とする半径 r の球面を考えると，明らかに電場ベクトルの方向は球面に垂直であるから，電場ベクトルの球面に垂直な成分は (4.1) の左辺の

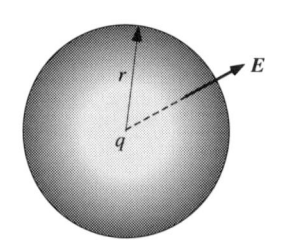

図 4.1

4.1 ガウスの法則の積分形　31

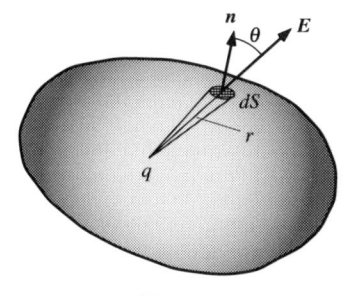

図 4.2

電場の絶対値 E でありこれに表面積を掛けると

$$4\pi r^2 E = \frac{q}{\varepsilon_0} \tag{4.2}$$

となる．

　さて，ガウスの法則の主張するところは「**(4.2) の右辺の値は，球面でなく任意の閉曲面に拡張しても，電荷 q をその内部に含む限り，閉曲面のとりかたによらない**」ということである．拡張のしかたを定義して，これを証明してみよう．

　まず，電荷を中心とした球面を考える場合，(4.2) の右辺が半径によらないことは明らかである．次に，図 4.2 のように一般の閉曲面に拡張するために，次のような表面積分を含んだ計算手続きを定める．

$$\int \boldsymbol{E} \cdot \boldsymbol{n}\, \mathrm{d}S \tag{4.3}$$

すでに 2.4 節で説明したように，この積分の意味は，まず表面上の微少面積とその単位法線ベクトル $\boldsymbol{n}$ を考え，電場 $\boldsymbol{E}$ の $\boldsymbol{n}$ 方向の成分にこの微少面積を掛け算するということを，すべての微少面積について実行するということである．(4.2) を導いた計算はこの特別な場合に相当する．もちろん，積分であるからこの微小面積をゼロにとった極限を考えていることになる．

　さて，$\boldsymbol{E}$ の $\boldsymbol{n}$ 方向の成分はそれらの内積

$$\boldsymbol{E} \cdot \boldsymbol{n} = E\cos\theta \tag{4.4}$$

で表される．これに微小な面積要素 dS を掛けると

$$\boldsymbol{E} \cdot \boldsymbol{n}\, dS = E\, dS \cos\theta \tag{4.5}$$

となる．ところで電荷 q から表面を見込む立体角を $d\Omega$ とすると

$$dS \cos\theta = r^2 d\Omega \tag{4.6}$$

となる．(立体角の定義については付録 A.3 節を参照されたい．) そうすると (4.5) は

$$\boldsymbol{E} \cdot \boldsymbol{n}\, dS = E\, dS \cos\theta = E r^2 d\Omega \tag{4.7}$$

というように，単に立体角の積分に置き換えられてしまう．一方

$$E = \frac{1}{4\pi\varepsilon_0}\frac{q}{r^2} \tag{4.8}$$

となるから (4.7) は

$$\boldsymbol{E} \cdot \boldsymbol{n}\, dS = \frac{q}{4\pi\varepsilon_0} d\Omega \tag{4.9}$$

というように変形できる．これを Ω の全立体角（4π ラジアン）について積分すると

$$\int \boldsymbol{E} \cdot \boldsymbol{n}\, dS = \frac{q}{\varepsilon_0} \tag{4.10}$$

となる．これを，**ガウスの法則の積分形**という．

ここで重要なことは，**閉曲面の形がどのようなものであってもよい**ということである．これを，逆に考えれば，**電荷 q は閉曲面内部のどこにあってもよい**ことになる．一方，もし複数の電荷 q_i が共通の閉曲面の内部にあれば，全体の合成された電場ベクトルはそれぞれの電荷によってつくられた電場ベクトルの和になっていることは，1.3 節で述べたとおりである．したがって，それぞれの電荷が閉曲面の内部にある限り，それらの詳細な位置にかかわらず次の関係が成立する．

$$\int \boldsymbol{E} \cdot \boldsymbol{n}\, dS = \sum_i q_i/\varepsilon_0 \tag{4.11}$$

言葉で表現すると「任意の閉曲面の内部にある電荷による合成電場ベクトルについて，このベクトルの閉曲面に垂直な成分についての積分を閉曲面全体

にたいしておこなった結果は，この閉曲面内部の電荷の総量に比例する」ということになる．この形のガウスの法則は非常に応用範囲が広いことが，後にわかるであろう．

特に，強調しておきたいのは，(4.10) および (4.11) に現れる比例定数としての真空の誘電率 ε_0 は真空中でも物質中でも適用できるということである．物質中だからといって，後に述べる物質の誘電率を用いては誤りである．このことは，原因はともあれ，電場はすべての電荷を考慮してつくられる場であるということに関係しているのである．

4.2 ガウスの法則の応用

ガウスの法則は，電荷の分布の対称性がよい場合にそれによる電場を求めるときに，威力を発揮する．「対称性がよい」とは，対象を平行移動したり，ある軸のまわりに回転させたりしても元の状態と同じで区別をつけられない状況を示す表現である．たとえば，点電荷が 1 個しかないとき，この点のまわりに空間をどのように回転しても状況に変化が生じようがない（回転対称性という）から，これによる電場や電位も同様な回転対称性があると考えられる．

4.2.1 直線電荷による電場と電位

図 4.3 のように無限に長い太さのない直線上に一様に電荷が分布しているとしよう．単位長さ当りの電荷（線密度）を λ とする．直線上の微少な部分の電荷による電場のベクトル和が全体としての電場である．明らかに電場ベクトルは直線を含む面内になければならない．さらに，対称性の考察（空間を反転してみる）をおこなうと，電場ベクトルは上下に対称でなければならない．したがって結局，電場ベクトルはこの直線に垂直であることがわかる．もし，λ が正であれば図のように放射状の電場ベクトルが描けるであろう．

さらに，やはり対称性を考えると，電場ベクトルは直線を軸とした回転対称性があるはずである．

このような考察を前提としてガウスの法則 (4.11) を適用しよう．図 4.3 のように，直線の長さ L の部分を中心軸として含む半径 r の円柱を考え，この

34　第4章　ガウスの法則

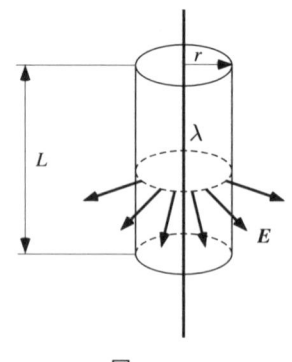

図 4.3

表面を閉曲面と考える．電場ベクトルは明らかにこの円柱の側面に垂直であり，円柱の上面・底面にたいしては平行である．したがって，(4.11) の左辺の積分に寄与するのは円柱の側面だけであり，この値は $2\pi rLE$ に等しい．ただし E は電場ベクトルの大きさである．一方，(4.11) の右辺は円柱内の電荷の総量を考慮して $\lambda L/\varepsilon_0$ である．これらが等しいことから，

$$2\pi rLE = \frac{\lambda L}{\varepsilon_0} \tag{4.12}$$

これがまさしくガウスの法則の適用の結果である．これから電場の大きさは

$$E = \frac{\lambda}{2\pi\varepsilon_0 r} \tag{4.13}$$

となる．これに向きをつけてベクトルにする方法は自明であろう．λ が正ならばベクトルの方向は直線から外側に向かう．

以上のように，ガウスの法則を適用するには，

① 対称性について考察し，電場ベクトルの向きを決定する，
② 電場ベクトルが閉曲面にたいして垂直または平行になるように，閉曲面をえらぶ．これにより，電場ベクトルの問題をを電場の大きさ（スカラー）の問題に直して考えることができる，
③ 電場の大きさに向きをつけてベクトルにする，

という手続きをとるのが普通である．

図 4.4

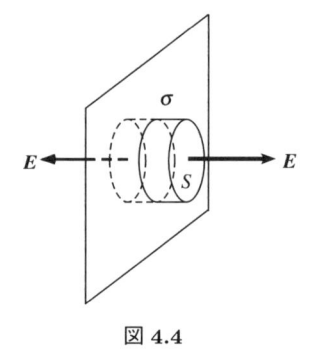

ここで，(4.13) の結果の物理的意味を考えてみよう．この電場は距離に反比例している．一方，点電荷による電場は距離の 2 乗に反比例していた．すなわち，電荷の分布が，**点から直線**になると，**電場と距離の関係は 2 乗の反比例から 1 乗の反比例に変わる**のである．これを「次元の変化」という．もう 1 つ次元を変えるとどうなるかは，次の節で考察しよう．

4.2.2　面電荷による電場

厚さのない無限に広い平面に一様に電荷が分布しており，その単位面積当りの電荷（面密度）を σ としよう．まず，対称性の考察（空間の反転）により，電場ベクトルの向きは面に垂直であることがわかる．次にガウスの法則を適用する閉曲面として，図 4.4 のような円柱（角柱であってもよい）を考えよう．これの底面および上面の面積は等しくそれを S とする．また，これらの面から電荷を含む面までの距離を等しくとりそれを r としよう．

このような閉曲面にたいして (4.11) の左辺を計算すると，円柱の側面は電場ベクトルに平行であり積分に寄与しないことがわかる．底面および上面にたいする寄与だけを考えればよいから，電場の大きさを E とすれば，(4.11) の左辺は $2SE$ となることがわかる．また，この閉曲面内の電荷の総量は σS であるのでガウスの法則を適用すると

$$2SE = \frac{\sigma S}{\varepsilon_0} \tag{4.14}$$

となり，これから電場の大きさは

$$E = \frac{\sigma}{2\varepsilon_0} \tag{4.15}$$

となることがわかる．重要なことは，この値は r によらないことである．ベクトルの向きをつけるのは簡単で，**電荷面に垂直かつ面の両側で反対の向き**にすればよい．もちろん σ が正ならば面から外の向かう向きであり，負ならば外から面に向かう向きとなる．

以上の結果を点電荷とくらべると，r の 2 乗に反比例する状況が消えて r によらなくなってしまった．直線状の電荷の場合は r の 1 乗に反比例していた．このことから，**無限に広い平面電荷による電場は，点電荷の場合とくらべて次元が 2 つ異なっており，直線電荷の場合とくらべて次元が 1 つ異なっている**と解釈することができる．すなわち，クーロンの法則では本来電場は距離の 2 乗に反比例していたのに，電荷分布の次元を変えるとみかけ上，電場の r にたいする依存のしかたの次数が変わってしまうのである．**物理学の法則の数学的表現が次元を変えると異なってみえることはしばしばおきる**ことである．

4.2.3 球状の電荷による電場

半径 a の球の内部に一様に電荷が分布していてその総量を Q としよう．電荷密度 ρ は Q を球の体積で割ればよいから

$$\rho = \frac{3Q}{4\pi a^3} \tag{4.16}$$

となる．次に対称性の考察により，Q が正のとき電場ベクトルは球の中心から外に向かっている．そこで閉曲面として同じ中心をもつ球を考えればよいことがわかる．この閉曲面の半径を r とすると r が a より大きい場合と小さい場合とでは事情が異なることが予想されるので 2 つの場合をわけて考察しよう．

I. $r \geqq a$ のとき

ガウスの法則の左辺は $4\pi r^2 E$ であり，内部の電荷の総量は Q であるからこの法則を適用して

$$4\pi r^2 E = \frac{Q}{\varepsilon_0} \tag{4.17}$$

となり，これから

$$E = \frac{Q}{4\pi\varepsilon_0 r^2} \tag{4.18}$$

が得られる．この結果をよくみると点電荷 Q による電場とまったく同じである．すなわち，ある半径の球の内部に一様に分布している電荷による電場は，この球の外部の空間では，この電荷を球の中心の 1 点に凝縮して点電荷にした場合とまったく同じ電場をつくるようにみえるのである．

　実は対称性を考察すると電荷分布は一様である必要もないのである．つまり球の内部に**球対称**に（すなわち中心に対してどのように回転しても変わらないように）分布していさえすればよいのである．たとえば電荷が球の表面だけに分布していてもよいし，中心付近とその外側で電荷が異なる密度で分布していてもよい．このことを「電荷密度 ρ が r だけの関数である」と表現することもある．しかしここでは ρ を一定とする．

　II. $r \leqq a$ のとき

　ガウスの法則を適用すると，左辺の計算は I. と同じであるが，r が小さいために閉曲面（球）の内部の電荷の総量が減少しなければならないことがわかる．この総量は (4.16) の ρ に半径 r の球の体積を掛ければよい．したがって，ガウスの法則より

$$4\pi r^2 E = \frac{Qr^3}{\varepsilon_0 a^3} \tag{4.19}$$

が得られる．これから電場の大きさは

$$E = \frac{Qr}{4\pi\varepsilon_0 a^3} \tag{4.20}$$

となる．このままではスカラーであるが，これをベクトルにする方法は自明であろう．

　(4.18) と (4.20) を r にたいしてプロットしたのが図 4.5 である．ただし $r \leqq a$ のときの振る舞いは，電荷分布 ρ の一様性が仮定されていることに注意しよう．

4.2.4　ガウスの法則の一般性

　ガウスの法則はどの程度一般的であろうか．この法則はクーロンの法則すなわち距離の 2 乗の反比例則から導かれたので，静電場について成立することは明らかである．電荷が運動しているときは電場も時間的に変化するはずであって，このときにこの法則が成立するかどうかは一見したところ自明ではないが，時間を瞬間的にとめて（静止系で計った）ある時刻における電場を

図 4.5

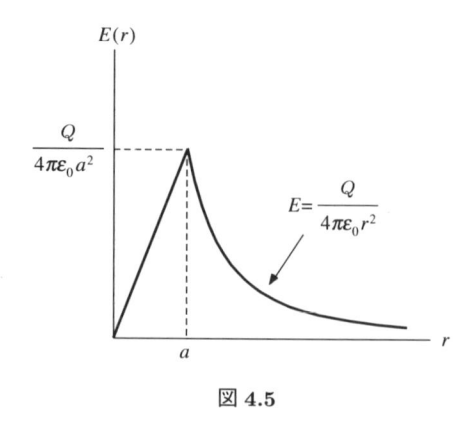

考えればやはりこの法則が成立することが示されるのである．詳しくは，特殊相対性理論の知識が要求されるので本書では証明しない．

一方，磁気についても，仮想的に単極磁極というものを考えれば磁場 H にたいしても成立するはずである．しかし現実には磁極は NS ペアで出現する．したがって**ガウスの法則**を適用したとき右辺がゼロになるような**場の量**が必要である．この場は**磁束密度**とよばれるがこれについてはのちに詳しく述べる．

ところで，重力の法則も距離の 2 乗に反比例する法則である．重力はつねに引力になっているが，形の上でガウスの法則が成立するはずである．すなわち上で述べたような例題は，重力の場合，符号が 1 通りしかないことを除けばすべて成立するはずである．たとえば，地球による引力を考えよう．地球の質量の分布が球対称だとすれば，地上の物体の感ずる引力は地球の質量を中心の 1 点に凝縮した場合とまったく同じなのである．

4.3 電位の見積り

4.3.1 直線状電荷の場合

次に，(4.13) を用いて電位差を求めてみよう．この式の電場は距離 r にしか依存していないから，(3.8) 式のような積分は容易に計算できる．距離 r_1

の場所を基準にした r_2 の場所の電位を V_{21} とおくと

$$V_{21} = -\frac{\lambda}{2\pi\varepsilon_0}\int_{r_1}^{r_2}\frac{1}{r}\mathrm{d}r$$

$$= \frac{\lambda}{2\pi\varepsilon_0}\log\left(\frac{r_1}{r_2}\right) \quad (4.21)$$

この式のなかの対数関数は r_1 または r_2 の値がゼロまたは無限大の場合発散する．

したがって，**電位の原点を直線上や無限遠方にとることはできない**．直線にゼロでない有限の太さを与えて一様な電荷密度 ρ を与えれば直線の中心軸上で電位の発散を避けることができるが，**無限遠方の電位の発散を避けることはできない**．

4.3.2 面状電荷の場合

(4.15) によれば，電場の大きさは一定でありその向きは面の両側で逆になっている．したがって面の片側で面からの距離 r_1 の場所を基準にした r_2 の場所の電位を V_{21} とすれば，(3.8) により

$$V_{21} = \frac{\sigma(r_1 - r_2)}{2\varepsilon_0} \quad (4.22)$$

となる．$r_1 = 0$ を原点とすれば r_2 が無限遠方であれば V_{21} は発散するが，r_2 が有限である限りでは発散しない．したがって距離がゼロすなわち面の上を電位の原点にとることが可能である．

無限に広い平面による電位は，**局所的**には有限の大きさの曲面上の電荷による電位の場合についても適用できる．この場合，面の近傍ではその両側で電場ベクトルは対称的（逆向き）になっているであろう．したがって (4.15) を導いたのと同様にガウスの法則を用いることができる．たとえば，薄い導体板に電荷を与えると，一般には電荷がその表面の両側に現れる．この両面に現れた電荷密度を合計して σ としよう．表面がスムーズな曲面である限り，十分に接近してその面をみればほとんど平面にみえるし，局所的には電荷密度 σ も一定にみえるであろうから，この導体板の外部の表面の近傍では電場は対称的（逆向き）となるだろう．また導体は等電位面であるから，電場はつねに表面に垂直であり，表面近傍の電場は $\sigma/(2\varepsilon_0)$ となる．したがって，**表**

面からわずかに離れた点の電位はやはり (4.22) 式で与えられるのである．この考えは，後に平行板コンデンサの電位を考察するときに用いられる．

4.3.3 球状電荷の場合

有限の電荷が大きさのない 1 点に集中していれば，r の 2 乗に反比例して電場はその点で発散する．したがって，(3.8) を考慮すると，電位は電荷の位置では r に反比例して発散する．この発散は直線電荷の場合の対数発散より強い発散で，しばしば計算上の困難をひきおこす．この場合は無限遠方の電位をゼロにとることができる．このようにすると，1 点に集中した電荷が Q だとすると，このときの電位は

$$\phi = \frac{Q}{4\pi\varepsilon_0 r} \tag{4.23}$$

と書き表すことができる．これは明らかに $r=0$ では発散する．

しかし，すでに計算したように，有限の半径 a の球内部に密度 ρ で一様に電荷が分布している場合の電場は図 4.5 のように振る舞う．すなわち，球の内部では中心からの距離 r に比例し，球の外部では r の 2 乗に反比例するので発散することはない．

ガウスの法則を用いた電場の計算はすでに 4.2.3 項でおこなった．その結果によると

I. $r \geqq a$ のとき

$$E = \frac{Q}{4\pi\varepsilon_0 r^2}$$

であったから，(4.16) の電荷密度 ρ を用いて表すと

$$E(r) = \frac{\rho a^3}{3\varepsilon_0 r^2} \tag{4.24}$$

となる．

II. $r \leqq a$ のとき

$$E = \frac{Qr}{4\pi\varepsilon_0 a^3}$$

であったから，電荷密度を用いて表すと

$$E(r) = \frac{\rho r}{3\varepsilon_0} \tag{4.25}$$

図 4.6

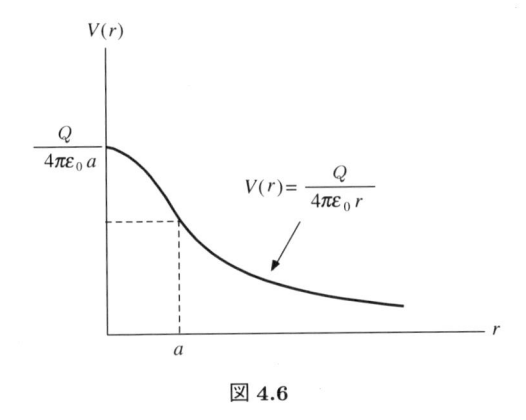

となる．

電位 $V(r)$ はこれらを線積分して，$r > a$ のとき

$$V(r) = -\int_\infty^r E(r)\mathrm{d}r = \frac{\rho a^3}{3\varepsilon_0 r} \tag{4.26}$$

$r < a$ のとき

$$\begin{aligned}V(r) &= \frac{\rho a^3}{3\varepsilon_0 a} - \int_a^r \frac{\rho r}{3\varepsilon_0}\mathrm{d}r \\ &= \frac{\rho(3a^2 - r^2)}{6\varepsilon_0}\end{aligned} \tag{4.27}$$

となる．これを図示すると図 4.6 のようになる．すなわち，球の外部では距離 r に反比例し，球の内部では r の 2 乗に比例した部分がつけ加わる．重要なことはどのような r にたいしても電位が発散しないことである．

[この章の重要事項]
1) 表面積分 (4.3) の意味を理解しよう．
2) (4.6) はある点から微小な面 $\mathrm{d}S$ を見込む立体角を定義する関係である．
3) 数学的な関係 (4.6) と，物理的な関係 (4.7) からガウスの法則 (4.10) が導かれる．
4) 電荷が多数分布していれば (4.11) のガウスの法則を用いる．
5) 無限に長い直線状電荷による電場の大きさは距離の 1 乗に反比例し，無限に広い平面上の電荷による電場の大きさは距離によらない．

6) 球対称に分布している電荷による電場は，中心から観測点までの距離を半径とする球の内部の電荷を集めて中心においたときの電場と同一である．
7) 無限に長い直線状電荷による電位は対数発散する．
8) 無限に広い平面電荷による電場や電位の見積りは，局所的には有限の閉曲面上の電荷による電場や電位の見積りにも適用できる．
9) 点電荷による電位は点電荷のあるところで距離に反比例して発散する．
10) 点電荷のかわりに体積当りの電荷密度を有限にした状態をつくると，中心でも電位は発散しない．

問題 4.1 半径 r_0 の球の表面に一様な面密度 σ で電荷が分布しているとき，この球の内部の電場はゼロになることを示せ．また無限遠方の電位をゼロとしたとき，この球の内部の電位を求めよ．

問題 4.2 電荷 Q をもつ点電荷から距離 d のところに無限に広い導体がある．導体表面に適当な電荷分布が現れて，導体の内部の電場が消失した．この電荷分布（位置に依存する）を求めよ．

第5章

平行板コンデンサとその容量

5.1 平行板コンデンサ

コンデンサは蓄電器ともよばれる．英語では Capacitor というのが普通である．要するに電荷を蓄えることのできる素子で，平行板コンデンサはその最も基本的なものであって，微小な距離を隔てた2枚の導体（極板ともよばれる）から構成される．

4.2.2 項では無限に広い平面状の電荷による電場を計算した．ここでは有限の面積をもつ**導体平面**を間隔を d だけはなして2枚向かい合わせた状況を考えよう．まず，両方の導体はそれぞれ一定の電位であるからその電位差を V とする．このとき等電位面は図 5.1 のように，両側の極板に平行になる．ところが (4.22) 式により，面近傍では電位が面からの距離と電荷密度に比例することを考慮すると，平行な等電位面を生ずるためには σ は面内で一様でなければならない．またこのとき，端を除くと電場の大きさは極板内で一定で V/d である．ここで，2枚の極板上の電荷密度は大きさが同じで符号が反対であるとする．

重要なことは，正負の電荷密度による電場の重ね合わせの結果，コンデンサの**外部の電場はほとんどゼロ**となることである．ここで，極板間の電場 E が未知であるとして，電荷密度 σ をもち極板の厚さを含む円柱を考えて，4.2.2 項と同様にガウスの法則を適用する．このとき，円柱の底面の一方について

44　第5章　平行板コンデンサとその容量

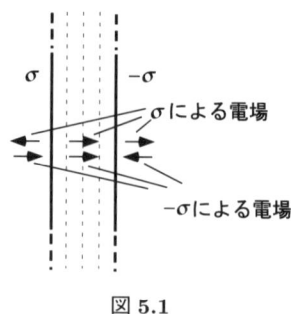

図 5.1

の面積分はゼロになることを考慮すると (4.14) 式の左辺の因子 2 は消える．したがってガウスの法則で求めた極板間の電場の大きさは

$$E = \frac{\sigma}{\varepsilon_0} \tag{5.1}$$

となることがわかる．一方，極板上の一様な電荷密度を認めてしまえば，局所的に見た電場は (4.15) で与えられるので，極板間ではこれが 2 倍にされていると考えてもよい．

次にこの 2 枚の平面の間の電位差 V は E が一定であるので (3.8) を用いて

$$V = \frac{d\sigma}{\varepsilon_0} \tag{5.2}$$

となる．これにより **2 枚の導体はそれぞれ等電位になる**ので，はじめの仮定（端を除いて一様な電荷密度）が正しかったことがわかる．

以上のことから逆に，はじめに電荷がない平行板コンデンサにどうすれば電荷を与えることができるかがわかる．それには，このコンデンサに電圧が V の電池をつなげばよいのである．そうすると，d が決まっていれば (5.2) を満たすように電荷密度 σ が両方の導体平面に現れるはずである．もちろん 2 枚の平面に現れる電荷は符号が反対で，電池の正極につながれたほうに正の電荷が現れる．

5.2　コンデンサの容量と電気エネルギー

前節では，電池から供給された電荷の総量について考慮しなかった．この電荷の総量 Q を計算しよう．これは電荷密度に平面の面積を掛ければよいだ

けである．そこで (5.2) から σ を求めて S を掛けると

$$Q = \sigma S = \frac{VS\varepsilon_0}{d} \tag{5.3}$$

となる．ここで

$$C = \frac{\varepsilon_0 S}{d} \tag{5.4}$$

とおくと，

$$Q = CV \tag{5.5}$$

という大変重要な関係が得られる．ここに現れた C は**コンデンサの静電容量または単に容量**とよばれる．(5.4) も非常に重要な式である．すなわち，平行板コンデンサの容量は導体平面（極板ともいう）の面積に比例しその間隔に反比例するのである．

コンデンサの容量 C の単位は (5.5) により（クーロン/ボルト）としてよいが，このかわりにしばしばファラッド（farad または F）という単位が用いられる．すなわち

コンデンサの容量 C の単位：C（クーロン）/V または F（ファラッド）

となる．しかし (5.4) 式をみると，ε_0 の値が小さいために，普通は C の値は小さい．そこで F のかわりに μF（10^{-6}F：マイクロファラッド）や pF（10^{-12}F：ピコファラッド）という単位が用いられる．

さて，このようにしてコンデンサに電荷を蓄えると，この状態は外部に対して電圧をかけて電流を流すことができる．実際，電池でコンデンサに電荷を与えることは「充電」といってもよく，エネルギーを蓄えたことに相当する．このエネルギーを見積もってみよう．まず 2 枚の導体平面に $\pm q$ の電荷がある状態から出発し，負電荷の極板から正電荷の極板へ微小な電荷 Δq を移動させたとしよう．(3.9) によればこのとき場になした仕事は Δq に極板間の電位差を掛けたものである．この電位差は (5.5) により，q の関数であるので $V(q)$ と書くと

$$V(q) = \frac{q}{C} \tag{5.6}$$

となる．したがって，上の仕事を ΔW とすると，

$$\Delta W = \frac{q}{C}\Delta q \tag{5.7}$$

となって，q の 1 次関数となっている．明らかに q が小さいときこの仕事は小さく q が大きいときこの仕事も大きい．しかし，コンデンサの充電ははじめは $q=0$ であり最終的には $q=Q$ になっている．よって $q=0$ から $q=Q$ まで充電するすべての仕事は (5.7) の積分で書け

$$W = \int_0^Q \frac{q}{C} \mathrm{d}q = \frac{Q^2}{2C} \tag{5.8}$$

となる．(5.5) を考慮すると W は他の形にも書ける．すなわち

$$W = \frac{1}{2}CV^2 = \frac{1}{2}QV \tag{5.9}$$

となる．これは，**コンデンサに蓄えられた電気エネルギーまたは静電エネルギー**とよばれる．

ところで，(5.9) の中央の式に (5.2)，(5.4) 式を代入し，(5.1) 式を用いて変形すると

$$W = \frac{1}{2}\varepsilon_0 E^2 S d \tag{5.10}$$

という関係が得られる．この**静電エネルギーは電場の 2 乗に比例している**とも解釈することができるのである．

もう少し詳しくいうと (5.10) の右辺で Sd は極板の間の体積，すなわち一様な電場のあるところの体積とみなすことができる．したがって (5.10) をこの体積で割れば，**単位体積当りのエネルギー密度 u** について

$$u = \frac{1}{2}\varepsilon_0 E^2 \tag{5.11}$$

という関係が得られる．実は，この式は平行板コンデンサだけでなく一般に電場のある空間での電気エネルギーの密度を表す式で大変重要な関係である．

5.3 コンデンサの直列接続と並列接続

図 5.2 のように容量が C_1, C_2 のコンデンサを直列に接続した場合を考えよう．ただし接続前は電荷はなかったものとする．これに電池を接続して極板に $\pm Q$ の電荷を与える．そうすると，コンデンサ C_1 の右側の極板には $-Q$ の電荷が，C_2 の左側の極板には Q の電荷が現れる．これを合計すればゼロ

5.3 コンデンサの直列接続と並列接続

図 5.2

図 5.3

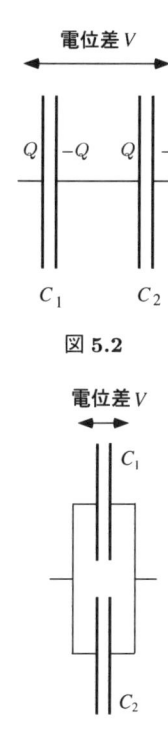

であるからコンデンサをつないだ導体にはじめ電荷がなかったという仮定と矛盾しない．さてそれぞれのコンデンサの電位差（電圧）を加えて V とすると (5.5) を考慮し，

$$V = \frac{Q}{C_1} + \frac{Q}{C_2} = Q\left(\frac{1}{C_1} + \frac{1}{C_2}\right) \tag{5.12}$$

これから

$$\frac{1}{C} = \frac{1}{C_1} + \frac{1}{C_2} \tag{5.13}$$

とおけば，全体を容量 C の 1 つのコンデンサとみなせることがわかる．(5.13) はコンデンサの容量の直列接続の公式とよばれる．

次に，並列接続について考えよう．図 5.3 のように 2 つの容量について電圧は共通となる．これを V とし，C_1 および C_2 の極板の電荷を加えて Q と

おいてみよう．(5.5) を考慮し

$$Q = C_1 V + C_2 V = (C_1 + C_2) V \tag{5.14}$$

という関係が得られる．これは並列にしたものを 1 つのコンデンサと考えたとき容量 C が

$$C = C_1 + C_2 \tag{5.15}$$

で与えられることを意味する．この式はコンデンサの容量の並列接続の公式とよばれる．

[この章の重要事項]

1) 平行板コンデンサの極板間の等電位面が平行であることから，極板上の電荷密度は一様となる．この結果，コンデンサの外部の電場は極板間の電場にくらべて無視できるほど小さくなる．

2) コンデンサの外部の電場がゼロだとすると，ガウスの法則を適用することにより極板間の電場は (5.1) 式のように求められる．

3) コンデンサに正負の電荷を与えると電位差が生ずる．このときの比例定数をコンデンサの容量という．

4) コンデンサ内部において，電気エネルギーの体積密度は電場の大きさの 2 乗に比例する．コンデンサの蓄える電気エネルギーを静電エネルギーという．

5) コンデンサを直列に接続すると容量が減少し，並列に接続すると容量は増大する．

問題 5.1 容量 C_1 のコンデンサと容量 C_2 のコンデンサをそれぞれ極板間の電位差が V_1 と V_2 になるように充電した．その後，互いの負極を導線で接続し，正極を抵抗 R をはさんで接続したところ，2 つのコンデンサともに正負極間の電位差が V になった．このときコンデンサに蓄えられた電気エネルギーはどのように変化したか．

第6章

誘電分極

すでに 3.9 節において双極子モーメントを定義したが，これは「分極」という概念の基礎となる考え方である．ここでは，外部電場によって物質に双極子モーメントが誘起されるという立場から電束密度という新しい量（ベクトル場）を定義する．

6.1 誘電分極の起源

われわれが日常的に手にすることのできる物質はすべて原子から構成されており，原子は負電荷をもつ電子と正電荷をもつ原子核からできている．これらの原子が固体を構成したとき，十分な数の電子が自由に固体のなかを動きまわれるならばそれは 3.7 節で述べた導体となる．動きまわれる電子の数が非常に少ないとき「半導体」とよばれる．

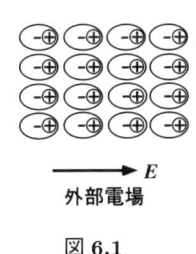

$\longrightarrow E$
外部電場

図 6.1

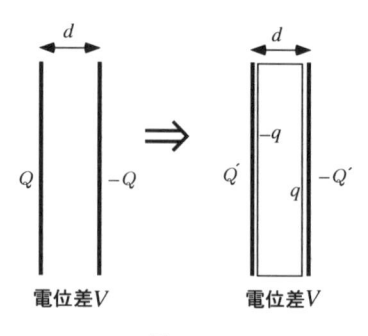

図 6.2

一方，自由に動きまわれる電荷をもたないものは絶縁体とよばれるが，実は絶縁体であっても，電場のなかにおかれるとある変化が生じるのである．図 6.1 にその事情を示す．電場による力を受けて，そのなかの正負の電荷はそれぞれ逆のほうにわずかに変位する．導体と異なって，絶縁体では電荷が自由に動くことはないが，局所的には，原子核と電子の引力によりこの変位を元にもどそうとする復元力がはたらき，この復元力と電場による力がつりあったところで変位は安定するのである．この結果，絶縁体の表面には外部電場をある程度打ち消すような電荷が現れるのである．

このようにして現れた電荷はしばしば「**分極電荷**」とよばれる．それにたいして導体の表面に現れる電荷は自由に動けるので「**真電荷**」といって区別することがある．しかし，電荷の源になるものは電子や原子核であり，その意味では**ミクロにみると**電荷には**真電荷**しかないことは明らかである．

それではなぜ「分極電荷」という概念がしばしば用いられるのか以下で考察しよう．

6.2　真電荷と「分極電荷」

図 6.2 に示すように内部になにもない極板の間隔が d の平行板コンデンサに電圧 V を与えた状態と，そのコンデンサの内部に絶縁体をおいた場合を比較してみよう．はじめの状態では正負の極板にそれぞれ Q および $-Q$ の電荷が生ずる．ただし

$$Q = CV \tag{6.1}$$

である．電場の大きさは $E = V/d$ で与えられることに注意しよう．次に，電圧を V に保ったまま厚さ d の絶縁体を入れると Q が増大する結果，新しい電荷になることが実験事実より知られているのでこれを Q' とおく．この増大分 $Q' - Q$ は電源と極板の途中に電流計を入れてやれば，電流を時間で積分することによって実際に計ることができる．この実験事実をどのように解釈すればよいであろうか．

まずわれわれが原理的に承認しなければいけないのは，(3.8) で表されるように，**電位とは電場の線積分である**ということである．間隔 d は変わらずかつ電圧 V が一定であるから電場が変化してはならない．(3.8) によれば，この V は V_{21} に等しいから，この電位をつくりだしている電荷密度が不変であることを意味する．電荷密度に面積を掛けて考えれば，電位が不変ならば電荷が変化してはいけないのである．したがって，**極板上の電荷の増大がどこかで打ち消されなければならない**のである．

この打ち消しは次のようにおきる．絶縁体はもともと電気的に中性であったのだから，正の極板に接しているところでは負電荷（$-q$ とする）が，負の極板に接しているところでは正電荷（q とする）が発生する．このように絶縁体表面に電荷が発生することを**誘電分極**という．絶縁体が誘電分極を生じさせる可能性があることに着目したとき，この絶縁体を**誘電体**とよぶ．絶縁体と極板は接触していなくてもよいのであるが，隙間があったとしても極板間の距離 d より十分に小さいものと仮定しよう．仮に接触していても，この電荷 q は決して導体に飛び移ることができない．この電荷は決して自由に動きまわることができないので**分極電荷**とよばれる．

このような状況で，極板の電荷の増大が打ち消されているのであるから，正負の極板上の電荷を Q' および $-Q'$ とすれば

$$Q' - q = Q \tag{6.2}$$

が成立しなければならない．このとき，コンデンサ内部の電場を考えると，絶縁体のない場合とくらべてなにも変化していないことがわかる．なぜなら $\pm Q'$ の電荷によって生じた電場とそれと逆符号の電荷 $\pm q$ によって生じた電場が打ち消して，はじめの $\pm Q$ によって生じた電場と等しくなるからである．

結局，以上のような条件では，正負の極板間の電圧 V が一定であることと

矛盾しないためには，絶縁体表面に $\pm q$ の分極電荷があることを（取り出してみることができなくとも）事実として認めなければならない．実際，後に述べるようにこの分極の原因はミクロにみた正負の電荷の動きであるから，絶縁体の内部は中性に保たれており表面にだけ電荷が現れるのである．

しかしながら，**絶縁体表面と極板の間の微少な隙間のなかの電場は変化している**のである．たとえば，正の極板の近傍では左側に電荷 Q' があり，右側には $\pm q$ および $-Q'$ の平面状の電荷があってこのうち $\pm q$ の電荷はこの微少な隙間内部の電場には打ち消しあって寄与しないから，結局，間隙のなかの電場は極板間が真空で極板の電荷が $\pm Q'$ の場合に生ずる電場とみかけ上等しくなるのである．

以上の過程をふりかえってみると Q' は絶縁体による分極のため変化した結果のコンデンサの電極上の電荷である．習慣的に $\pm Q'$ を「**真電荷**」とよび，$\pm q$ を「**分極電荷**」とよぶ．前者は極板という導体上に存在する電荷であって自由に移動できる電荷であるから「真電荷」とよばれるのである．

また，絶縁体表面の分極電荷も当然電場に寄与する．しかし導体と異なるところは，**絶縁体内部には電場が存在してもよい**，したがって絶縁体の電位は一定でなくてよい，ということである．

6.3 電場と電束密度

前節のように，コンデンサの極板間の電位を一定に保ったまま絶縁体を入れたとき，電荷が $\pm Q$ から $\pm Q'$ に増大したのであるから，極板につながれた電源の供給した電荷も同じ量だけ増大したことは明らかである．一方，コンデンサの容量 C は (5.5) のように定義されていた．したがって絶縁体を挿入した場合のコンデンサの容量も (5.5) と矛盾しないように定義する必要がある．すなわち

$$Q' = C'V \tag{6.3}$$

によってコンデンサの容量を定義する．このとき (6.2) により

$$C' = \frac{CQ'}{Q} = C\left(1 + \frac{q}{Q}\right) \tag{6.4}$$

となることは明らかである．

ところで，Q や $q = Q' - Q$ は，電流の時間積分によって観測できる量である．実際に観測してみると，一般に電場がそれほど強くなければ q は Q に比例することがわかっている．そこでこの比例関係を

$$q = \kappa Q \tag{6.5}$$

と書こう．物質がなければ（真空中では）$\kappa = 0$ である．この κ をこの物質の**電気感受率**とよぶ．κ の値は物質によるが，**強誘電体**とよばれる物質では 1 にくらべてこの値の非常に大きい．

そうすると (6.4) より

$$Q' = (1 + \kappa)Q \quad \text{および} \quad C' = (1 + \kappa)C \tag{6.6}$$

なる関係が得られる．ここでさらに

$$\varepsilon_r = 1 + \kappa \tag{6.7}$$

とおこう．そうすると (5.4) で与えられたコンデンサの容量の公式を次のように変更すればよいことがわかる．すなわち

$$C' = \frac{\varepsilon_r \varepsilon_0 S}{d} \tag{6.8}$$

となる．

一方，これに対応して，前節で述べた「真電荷」による電場を E' とすれば

$$E' = \varepsilon_r E \tag{6.9}$$

となるが，(6.8) では $\varepsilon_r \varepsilon_0$ という積がでてくることに対応して

$$D = \varepsilon_0 E' = \varepsilon_r \varepsilon_0 E \tag{6.10}$$

とおきこれを「**電束密度**」の大きさと定義する．ただし電場は本来ベクトル量であったから**電束密度もベクトル量である**．すなわち絶縁体内部にこのようなベクトル場が生じたと考えるのである．したがって電場と電束密度の間の比例関係が成立する限り，2 つの場の間に

$$\boldsymbol{D} = \varepsilon \boldsymbol{E} \tag{6.11}$$

という関係がある．ただし

$$\varepsilon = \varepsilon_r \varepsilon_0 \tag{6.12}$$

とおいて，ε を絶縁体の「**誘電率**」とよび，ε_r を「**比誘電率**」とよぶ．この意味では絶縁体のことを導体と対比して「**誘電体**」とよんでもよい．

(6.11) の右辺の電場は場所の関数であるベクトル場であったから，**電束密度もベクトル場**であり，空間の各位置で定義されなければならない．したがって真空中でも誘電体の内部でも定義されねばならないのであるが，この定義については 6.5 節で詳しく述べる．

以上により，真に存在する場は電場であり，電束密度は現象論的に導入されたことがわかるであろう．しかしながら，いったん電束密度を定義すると $\varepsilon_r = 1$ すなわち真空中でも定義されることに注意しよう．**真に存在する場とは場を線積分したときに (3.8) によって正しい電位を与える場のことである**．実際，誘電体のなかに誘電体の電荷分布にまったく影響を与えないほど電荷の小さいテスト電荷をおくと，その電荷の受ける力は (6.11) の右辺の電場で決まってしまい，誘電率 ε の影響を受けないのである．

6.4 誘電体の内部の電場

電束密度は現象論的に導入された場であることを述べた．現象論的とは外部の電源の供給したエネルギー（電圧と電荷の積分）などは直接に観測できる量であるから，誘電体の内部の状態の詳細には立ち入らなかった．しかしながら逆に内部の状態を記述しようとすると，巨視的であっても複数の異なった記述がありうる．

このことを最もよく示す例が誘電体の「内部」の電場を観測するときに現れる．図 6.3 に誘電体の内部の電場をはかる 2 つの典型的な場合を示す．ただし，電荷のかわりに電荷密度を用いて $\sigma_0 = Q/S$，$\sigma_1 = q/S$ とおいた．例 1 では外部電場にたいして垂直に薄板状の狭い隙間をもうけた．この隙間をもうけるために取り除いた部分は中性であったとしよう．ところが取り除いた部分は多数の電気双極子で構成されている．そうするとその部分の左側に $-\sigma_1$，右側に σ_1 の電荷密度の分極電荷が生ずる．逆に取り除かれた空洞部分は左側に σ_1，右側に $-\sigma_1$ の電荷密度の分極が生ずる．すなわち，絶縁体の

6.4 誘電体の内部の電場

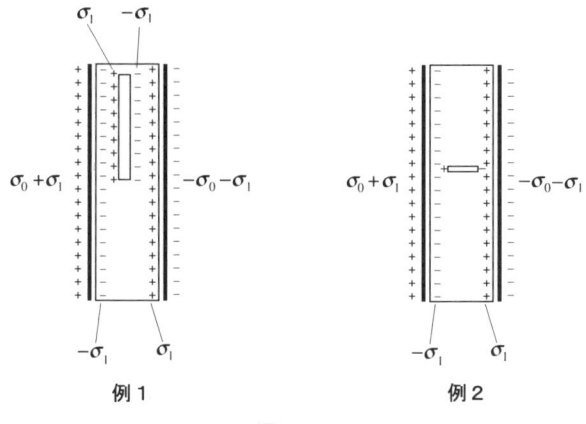

例1　　　　　　　　例2

図 6.3

分極が正負の電荷の微小な変位でおきることから，隙間をつくればその両側に分極電荷が現れなくてはならないのである．

そうすると，隙間の両側に現れた分極電荷による電場と誘電体の両端の面に現れた電荷による電場は互いにある程度打ち消しあう．特に，平行板コンデンサのように薄い誘電体では電場は電荷密度だけで決まるからこの打消しは完全となる．この結果，隙間の内部の電場はコンデンサの極板の電荷 $\pm Q'$ による電場だけになってしまうのである．このことから「**平行板コンデンサの内部に極板に平行においた誘電体に，極板に平行な薄い隙間をあけたときに内部にできる電場は極板上の真電荷のみによる電場に等しい**」と結論される．この電場ベクトルに ε_0 を乗じたものが電束密度ベクトルである．

一方，例2では誘電体の内部で極板に垂直に細い穴をあけている．このとき穴の両端にも分極電荷が現れるが面積が小さいのでこの分極電荷がつくる電場の影響は無視できる．したがって，この細い穴のなかの電場は，$\pm Q'$ がつくる電場と $\pm q$ がつくる電場との和であり，(6.2) により結局 $\pm Q$ によってつくられる電場に等しい．実際このようにあけた細い穴のなかでは極板に垂直に電荷を移動させることができるので，これによる仕事から電位が正しく求まるのである．前節で述べたテスト電荷の例は，このような場合に相当する．

以上の例からもわかるように誘電体の「内部」の定義は一義的でない．実際，多様な形の穴が考えられるので，観測される電場も多様となる．しかし

いかなる場合も，電場の穴に沿った線積分が電位差を与えるように電場ができなくてはならない．(証明は省くがこのことはどのように細い穴をあけても分極を乱さないことを意味する．) したがって，穴をあけるかあけないかを特定せずに「誘電体の内部の電場」といえば，電場による力とテスト電荷の移動方向が平行になる状況，すなわち極板に垂直な穴を仮想的にあけて考えていることになる．

6.5 分極場

前節において，誘電体中に薄板状の空洞をあけたときその表面に分極電荷が現れることを述べた．誘電体の各点で分極の大きさを決めるには，その点を含むように，分極を保存したまま微小な薄板状の円盤を切り出して表面の分極電荷を測ってやればよい．切り出した残りの円盤状空洞の単位法線ベクトルを n とする．その向きは空洞の両面に現れた分極電荷の正から負のほうに向かうとする．一方，切り出した円盤の分極を知るために，さらにその内部に面に垂直な細い空洞をつくって電場を計測する．この電場ベクトルは薄板に垂直で正電荷から負電荷に向かう．この電場ベクトルの大きさに ε_0 を乗じた量を，切り出した場所における分極ベクトル P の n 方向に射影した成分（すなわち $P \cdot n$）であると定義する．空間は3次元であるから分極 P の向きを決めるには薄板状空洞をいろいろな向きにつくって上のように電場を観測し，その値が最大になるような向きを求めればそれがベクトル場 P の向きを定める．

以上のような測定で定義された**分極ベクトル P は場所の関数だからベクトル場**である．場所依存性を明示するには $P(r)$ と書く．

さて P が定義されると，電場 E と 6.3 節で説明した電束密度 D の関係はどのように表されるであろうか．前節で述べたように，電場 E を測定するときは空洞による分極電荷の影響を受けないように工夫されていた．ただしこの電場は誘電体表面の分極電荷の影響は受けていた．したがって，電束密度 D と電場 E との差異とは，測定場所における微小な薄板状分極の影響を含めたかどうかの差異である．このことから，

$$D = \varepsilon_0 E + P \tag{6.13}$$

という重要な関係が導かれる．この関係は (6.11) のような比例関係を前提にしなくとも成立する一般的な関係であるので，**2 つの場から残りの 1 つの場を定義する関係式**である．またこの式に現れる 3 つの量はベクトル場であるから，任意の位置でこの関係が成立している．

上の関係から電束密度 D を測定する方法も与えられる．すなわち誘電体の大きさにくらべて十分小さい薄板状空洞をいろいろな向きにあけて電場を測定し，その大きさが最大値を示すときの E に ε_0 を乗じた量 D を電束密度と考えればよい．このときは P の測定と異なって，薄板状空洞の両面に生じた分極電荷以外の他の電荷の影響を受けてもよい．

以上のように，電束密度も空間の各点で定義できるから，電束密度がベクトル場であることを明示したいときは $D(r)$ と書き表す．

6.6　静電遮蔽

間隔が d の平行板コンデンサに電圧 V を与えて電荷 $\pm Q$ が両極板に生じたとしよう．この直後に電源を切り離せばこの電荷は逃げるところがなくこのまま一定となる．そこで，次に極板の間に比誘電率が ε_r の誘電体を挿入しよう．このときの誘電体の表面に現れる分極電荷は以下のように求められる．

分極電荷を $\pm q'$ としよう．そうすると誘電体の内部に作用する電場（誘電体に極板に垂直な細い空洞をつくったときの内部の電場）は $Q - q'$ に比例したものとなる．この比例定数が (6.5) の κ であったから，自己無撞着である（矛盾がない）条件は

$$\kappa(Q - q') = q'$$

すなわち

$$(\varepsilon_r - 1)(Q - q') = q'$$

となる．これから

$$\begin{aligned} q' &= \frac{\varepsilon_r - 1}{\varepsilon_r} Q \\ &= \left(1 - \frac{1}{\varepsilon_r}\right) Q \end{aligned} \tag{6.14}$$

なる関係が得られる．この関係から ε_r が大きいほど q' は Q に近づくことがわかる．すなわち正負の極板に近い誘電体表面には逆符号の分極電荷が生じて電場を弱めるので，電位 V も減少してしまう．すなわち「**誘電率の大きな物質は電場を著しく弱めるようにはたらく**」と結論されるのである．これを「**静電遮蔽**」という．極端な場合は導体であって，ε_r はあたかも無限大とみなせるから q' は Q に等しくなる．すなわち**導体では静電遮蔽は完全となる**．

ただし導体の場合は極板に接触してはいけない（接触すると電流が流れて極板の電荷が変化してしまう）ので，極板との間に微小な空隙があると仮定する．そのときは電荷 Q をもつ極板側の導体表面には $-Q$ の電荷が生ずる．その結果「分極電荷」（導体の場合，本当は真電荷である）により導体内部の合成電場はゼロになってしまう．これは，ちょうど 3.7 節で述べた結論（導体の内部に電場はない）と同等である．

6.7　誘電体があるときの電気エネルギー

5.2 節において誘電体がないときの電気エネルギー W について考察し，(5.8)，(5.9) および (5.10) 式を得た．またエネルギー密度 u については (5.11) を導いた．誘電体が極板の内部を満たしている場合に，これらの関係をどのように変更しなければならないかを考察しよう．

まず (5.9) 式は電源のなした仕事から導いたものであるが，エネルギーの供給源は電源しかないので，誘電体の内部構造がどうあれ正しいはずで，われわれが最も信頼をおける確かな事実である．すなわち，電圧 V は共通であるとすると，誘電体があるときに違ってくるのは，電源が供給した総電荷量が Q から $Q' (= \varepsilon_r Q)$ に変わったことである．したがって，誘電体のある場合に電源がなした仕事を W' とすると

$$W' = \varepsilon_r W \tag{6.15}$$

となり，電源のなした仕事の観点からはこれだけは疑いのない事実となる．そこで，これと矛盾しないように (5.9) を書き換えるには，

$$C' = \varepsilon_r C \tag{6.16}$$

とおけばよいことがわかる．

(5.4) を考慮すると，これは (6.6), (6.7) および (6.8) で示した関係と同等である．すなわち**誘電体**の存在によって**容量**が ε_r **倍になる**というのはエネルギーの観点からも正しいのである．

また，平行板の内部の体積は共通であるから，新しいエネルギー密度 u' も

$$u' = \varepsilon_r u \tag{6.17}$$

と表されることがわかる．**これを体積で積分するとはじめてエネルギーになる**．この式と (5.10) および (5.11) が矛盾しないためには，(6.10) に注意して

$$u' = \frac{1}{2} DE \tag{6.18}$$

とおけばよい．これは物質のあるときの**静電エネルギー密度**を表す重要な関係で，ようやく電束密度が「市民権」を得たことになる．

ここでエネルギーの符号について考えると，電源がエネルギーを供給しているので正でなければならない．

ところで (6.18) ではベクトル場としての場所依存性を無視し，コンデンサの内部のように，一様な電場と電束密度を仮定している．しかし，電場も電束密度もベクトル場であるから本来は $\boldsymbol{E(r)}, \boldsymbol{D(r)}$ と書くべきで，場所依存性があるときは $u'(\boldsymbol{r})$ を有限な体積で積分しなければならない．また，電束密度は外部電場による物質の分極に関連したものであった．物質の分極とは物質のなかの電荷が電場による力を受けて動くことである．したがって，動く方向が外力と直角であれば外部電場はなにも仕事をしなかったことになる．結局，(3.6) でも示したように，電荷が動いた方向と電場ベクトルとが θ の角をなしているとき $\cos\theta$ を掛けて考えねばならないから，ベクトルの内積を用いると都合がよいと推定される．そうすると (6.18) は次のように書き換えられる．

$$u'(\boldsymbol{r}) = \frac{1}{2} \boldsymbol{D(r)} \cdot \boldsymbol{E(r)} \tag{6.19}$$

電場や電束密度が場所依存性があるときはこの式を誘電体全体の体積について（$\mathrm{d}^3 r$ について）体積積分すれば静電エネルギーが求まることになる．たとえば，極板内部に誘電率が異なる物質が層状に積み重ねられていても，誘

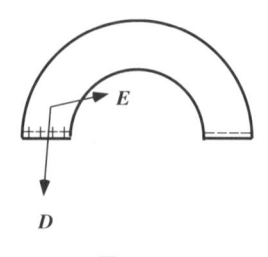

図 6.4

電体全体について積分して，外部からみた平均的な誘電率を (6.15) によって定めることはいつでも可能である．

もちろん，あらかじめ極板の内部が一様な物質であることがわかっているときは，その**物質に付随した誘電率が物質定数**として定まる．特別な場合として，この式は誘電体がない場合では真空という一様なものになるから，$\varepsilon_r = 1$ と考えれば成立する．

電場 E と電束密度 D との向きが平行でない例を図 6.4 に示す．

6.8 境界面における電場と電束密度

2つの異なる一様な物質が滑らかな面で接しているとしよう．このときこの境界面付近の電場や電束密度はどのような条件を満足せねばならないかを考える．まず図 6.5 のように，左側に真空が右側に誘電体があったとしよう．電場の見積りにはほとんど困難は生じない．真電荷であろうと分極電荷であろうとこれらは明瞭な巨視的実体をもつものであり，ガウスの法則が成立している．また，(3.7) 式にしたがって電位も定義できるはずである．そこで図のような閉曲線 ABCD に沿って電場を線積分することにより電位を計算する．閉曲線であるからもちろんこの結果はゼロでなければならない．

真空側および誘電体側の電場を境界面に垂直な成分と平行な成分に分解し，それぞれ $E_{1x}, E_{1y}, E_{2x}, E_{2y}$ とおこう．これらのうち，E_{1x}, E_{2x} の寄与は BC および DA の長さをいくらでも小さくできるので無視することができる．AB, CD の長さは等しいので L とすると，結局，ABCD に沿っての線積分が

6.8 境界面における電場と電束密度

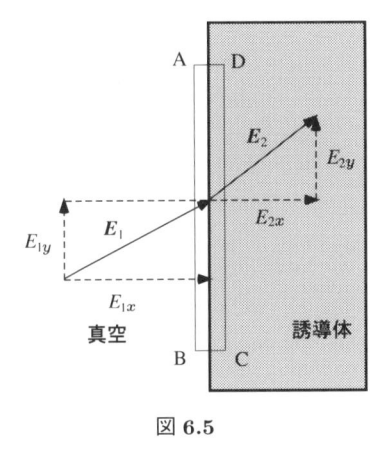

図 6.5

ゼロになることは次式と同等である．

$$E_{1y}L - E_{2y}L = 0 \tag{6.20}$$

これから

$$E_{1y} = E_{2y} \tag{6.21}$$

という重要な結果が得られる．これは「**境界面において電場の境界面に沿った成分は連続である**」ということを意味している．

図 6.5 をみると電場ベクトルはあたかも境界面で屈折しているようにみえる．この屈折については後に考察する．

次に電束密度について考えてみよう．境界面に垂直な電束密度の成分は，「誘電体中の内部で境界面に十分近くで，境界面に平行にあけた微小な薄板状空洞のなかの電場の境界面に垂直な成分に ε_0 を乗じた量」として，現象論的に定義されていた．図 6.6 に示すように，この空洞が境界面に十分に近いことから，この空洞の左側に現れる電荷密度は境界の電荷密度と逆符号でちょうど打ち消しあっている．一方，右側には境界の電荷と同符号の電荷がまったく同じ大きさで現れている．したがって，空洞内の電場はこの右側の電荷による電場 E_3 とその他の電荷（たとえば図の右端の分極電荷）による電場 E_4 とのベクトル和が現れるであろう．これに ε_0 を掛けたものが境界のすぐ右側の電束密度 D_2 に他ならない．

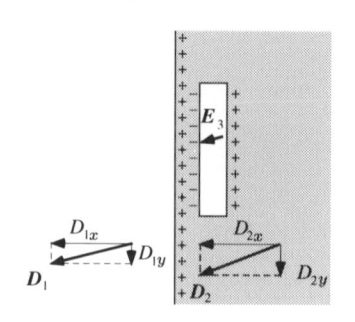

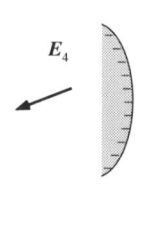

表面の近くで $D_{1x}=D_{2x}$

図 6.6

境界の左側では，もし真空であれば空洞をあけてもなにも変化がおきない．境界の十分近くでは境界の電荷による電場 E_3' とその他の電荷による電場 E_4 のベクトル和による電場が現れて，これに ε_0 を乗じたものが左側の電束密度 D_1 となる．ところが上の空洞の考察から明らかなように E_3 の発生原因を考えれば E_3' と等しくなる．したがって，**境界面に垂直な成分を考える限り** $D_1 = D_2$ となる．成分で書くと

$$D_{1x} = D_{2x} \tag{6.22}$$

となる．

しかし，電束密度の境界面に平行な成分は一般には連続ではない．電束密度を成分に分けて式 (6.21) を考慮すると，

$$D_{1y} = \varepsilon_0 E_{1y}, \quad D_{2y} = \varepsilon_r \varepsilon_0 E_{2y} \tag{6.23}$$

となって，境界の両側で誘電率が異なる場合は不連続になる．

上の考察では左側が真空であった．逆に左側が誘電体で右側が真空という状態でも (6.22) は成立する．したがって，電場の重ね合わせの原理を考慮すれば，左右が異なる誘電体であっても (6.22) は成立することが結論される．すなわち一般に「**異なる誘電率をもつ物質（導体を除く）の境界においては，電束密度の境界面に垂直な成分は連続である**」と結論される．ただしこのと

き (6.23) は変更を受けて

$$D_{1y} = \varepsilon_1 E_{1y}, \quad D_{2y} = \varepsilon_2 E_{2y} \tag{6.24}$$

と書き直さねばならない．ここで，ε_1 および ε_2 は境界の左右の物質の物質定数としての誘電率である．あるいは，これらを ε_0 で割り算した ε_{r1} および ε_{r2} を物質定数としての比誘電率と考えてもよい．

以上のことを理解しておくと，先に触れた電場ベクトルの屈折が理解できる．まず (6.22) よりこれを電場ベクトルに直して考えると

$$\varepsilon_1 E_{1x} = \varepsilon_2 E_{2x} \tag{6.25}$$

これと (6.21) を考慮すると

$$\frac{\tan \theta_1}{\varepsilon_1} = \frac{\tan \theta_2}{\varepsilon_2} \tag{6.26}$$

ただし θ_1, θ_2 はそれぞれの電場ベクトルが境界面の法線となす角である．

ここで，電場の境界条件 (6.21) と電束密度の境界条件 (6.22) の成立条件について重要なことを述べておこう．電場の場合は境界の両側の物質が真空でも誘電体でも導体でもなんでもよかった．電場は基本的な量であるからこれは当然なことである．ところが電束密度は，現象論的に定義されている関係上，境界に真電荷があると (6.22) は成立しなくなる場合があるのである．この事情を次の節で検討しよう．

6.9　導体の境界面

前節で考察したように，誘電体の境界に生ずる分極電荷のみを考慮すると，電束密度 $\boldsymbol{D}$ の境界面に垂直な成分は連続となった．このとき図 6.7 に示すように境界を内部に含むような薄い閉曲面を考えると，この閉曲面に出入りする $\boldsymbol{D}$ のベクトル（電束線とよぶ）の面に垂直な成分は全体としてゼロになってしまう．これは，(5.3) に類似した次のような積分がゼロであることを意味する．

$$\int \boldsymbol{D} \cdot \boldsymbol{n} \, dS = 0 \tag{6.27}$$

真空　誘電体

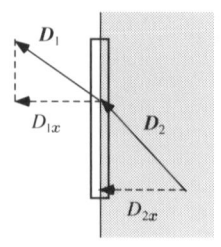

$D_{1x}=D_{2x}=\boldsymbol{D}\cdot\boldsymbol{n}$

図 6.7

したがって,「**分極電荷のみが存在するときガウスの法則を電束密度に適用するとゼロになる**」と結論されるのである.

ところが境界の一方に導体が存在すると状況が変わる. 簡単のために右側が導体, 左側が真空であるとし, 導体表面に σ なる正電荷密度があったとしよう. これは明らかに「真電荷」である. そこで導体の内部に境界の近傍に薄い空洞をもうけよう. 3.7 節で述べたように**導体の内部には電場はない**から**電束密度もゼロ**である. このことは詳しくは 6.11 節で証明されるが, ここでは前提として認めておこう.

境界の左側の電束密度はどうなっているであろうか. (4.15) を機械的に適用して, 電荷密度 σ のつくる電場 $\sigma/(2\varepsilon_0)$ に真空の誘電率 ε_0 を掛ければ電束密度になると考えては間違いである. 実はこの値を 2 倍しなければならない. われわれは, 電荷密度 σ があるにもかかわらず導体のなかに電場がないことを知っている. このことは, σ を生み出した原因としての別の外部電場があることを意味するのである. 導体表面に電荷が生ずるのはいつでも外部電場を打ち消して導体内部の電場をゼロにする結果である. 平行板コンデンサ内部の電場を見積るときにも, 外部にほとんど電場がないことが重要であったことを思いおこそう.

ここで, 導体内部に電場がないことを前提に, 表面の電荷を含む薄い円柱を考えてガウスの法則を用いると, 導体内部の円柱の底面は積分に寄与しないから, 導体表面近傍の外部の電場が σ/ε_0 となることは容易に理解できるで

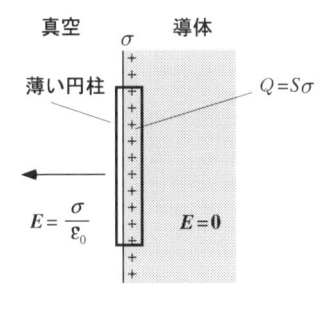

図 6.8

あろう．このことから，**導体の境界面では電束密度の境界に垂直な成分は一般には連続でない**，すなわち (6.22) が成立しないことがわかる．すなわち垂直な成分で書けば

$$D_{1x} = \sigma, \quad D_{2x} = 0 \tag{6.28}$$

となって，一般には不連続である．連続となるのは $\sigma = 0$ のときだけである．

さて導体の境界面で，図 6.8 のような薄い円柱の閉曲面について (6.27) の左辺のような積分を考えると，(6.28) により，その値はその閉曲面に含まれる電荷（真電荷）の総量 $S\sigma$ になる．すなわち

$$\int \boldsymbol{D} \cdot \boldsymbol{n} \, \mathrm{d}S = S\sigma = Q_t \tag{6.29}$$

となる．ここで Q_t は真電荷を表す．電場のガウスの法則 (4.10) と比較すると，右辺に ε_0 が乗じられているために誘電率が表に現れないことに注意しよう．

以上のように電束密度 $\boldsymbol{D}$ をガウスの法則に適用したときにゼロでない値として残る電荷を「**真電荷**」とよんで「**分極電荷**」と区別する．逆に (6.29) によって電束密度から真電荷が定義されているといってもよい．誘電体の内部は真電荷はないから (6.29) の左辺はゼロであるが，このことは式 (6.27) の結論と同等である．したがって金属も誘電体も含めて (6.29) が成り立つので，これを**電束密度についてのガウスの法則**という．

6.10 誘電体のエネルギー

(6.17) 式によれば誘電体の存在するときの全電気エネルギー（静電エネルギー）は，存在しないときにくらべて ε_r 倍になることだけは疑いのない事実であった．この事実とさらに (6.13)，(6.19) と矛盾しないように，誘電体が存在するときの全電気エネルギーのなかから誘電体のエネルギーを分離して定義する．まず (6.13) を (6.19) に代入すると

$$u' = \frac{1}{2}(\varepsilon_0 \boldsymbol{E} \cdot \boldsymbol{E} + \boldsymbol{E} \cdot \boldsymbol{P}) \tag{6.30}$$

となる．これと (6.17) から

$$\frac{1}{2}(\varepsilon_0 \boldsymbol{E} \cdot \boldsymbol{E} + \boldsymbol{E} \cdot \boldsymbol{P}) = \frac{1}{2}\varepsilon_r \varepsilon_0 \boldsymbol{E} \cdot \boldsymbol{E} \tag{6.31}$$

となる．これから

$$u_1 = \frac{\varepsilon_0(\varepsilon_r - 1)}{2} \boldsymbol{E} \cdot \boldsymbol{E} = \frac{1}{2} \boldsymbol{P} \cdot \boldsymbol{E} \tag{6.32}$$

という新しいエネルギー密度が定義される．この式の左辺はあくまでも外部の電源その他が供給するマクロな電磁気的エネルギーの一部であるが，誘電体が存在しなとき，すなわち $\varepsilon_r = 1$ のときにゼロになるような量である．したがって誘電体のエネルギー密度に他ならない．電場 $\boldsymbol{E}$ は誘電体表面の分極電荷による電場を含んでいることに注意しよう．

6.11 導体と電束密度

電流が流れていない導体内部に電場が存在しないことは 3.7 節で説明した．それでは電束密度はどうであろうか．導体は，一見，無限大の誘電率をもつようにもみえるから，ゼロの電場と無限大の誘電率の結果なにがおきるかをみておくことは興味深い．図 6.9 のようにコンデンサの極板のなかに極板に触れないように導体が挿入されているとしよう．極板に $\pm\sigma$ の電荷密度があったとすれば，導体の表面にはちょうど反対符号の電荷密度が生じて，内部の電場を打ち消しているであろう．ところで 6.4 節で述べたように，電束密度は物質内部に極板に平行に薄い隙間をあけて，そこで感ずる電場に ε_0 を掛け

6.11 導体と電束密度

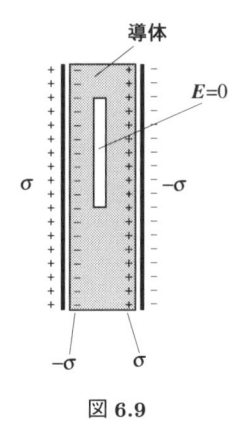

図6.9

たものであった．ところがこの**導体内部にこのような隙間を図6.9のようにあけても，表面に電荷が生じないのである．**

このことは，6.8節に述べたことに注意して，電場についての積分形のガウスの法則を適用（たとえば隙間の左側の表面と左側の極板を含む円柱を考える）しても直接に確かめられる．実際，隙間の表面に分極電荷が現れていると，電場についてのガウスの法則により隙間の電場がゼロでなくなってしまうので，導体内部に電場がないことと矛盾する．したがって，**導体内の隙間内部には電束密度も存在しない．**

以上のように，電流が流れていないとき導体内部に電束密度が存在せず，導体表面に現れる電荷が真電荷であることは，誘電体と導体との決定的な違いを表している．誘電体をミクロにみると，誘電体を構成する分子が分極するので，穴をあければ必ず分極の結果として表面に電荷が現れるのであるが，導体では自由電子が動きまわった結果として内部電場を打ち消しているので電束密度もゼロになるのである．

[この章の重要事項]
1) 絶縁体を電場のなかにおくと表面に電荷が現れる．この電荷は自由に動きまわれる電荷ではなく分極電荷とよばれる．
2) 外部電場が小さければ，(6.5)のように分極電荷の大きさは外部電場に比例する．比例定数 κ は電気感受率とよばれる．

68　第6章　誘電分極

3) 絶縁体の比誘電率 ε_r を (6.7) の比例関係で与えると，この絶縁体を挿入したコンデンサの容量は ε_r 倍される．
4) 電束密度は (6.11) で与えられるベクトル場である．
5) 絶縁体（誘電体）内部に細い穴をあけたときの穴の内部の電場は，穴のあけかたによって異なってみえる．しかし，電場を線積分したときに電位差になるという事情は，どのように穴をあけても変わらない．
6) 誘電体中に微小な薄板状空洞をあけることにより，その表面に現れた分極電荷による空洞内部の電場から，分極ベクトル P の薄板の垂線への射影成分が定義される．
7) さまざまな向きに薄板状空洞をつくって薄板両面の分極電荷による電場が最大になる向きをみつければ，それがベクトル P の向きである．
8) P を定義すると E と D との関係は (6.13) で与えられる．これは比例関係がなくても成立する一般的関係である．
9) 誘電率の大きな物質は外部電場を弱めるように分極する（静電遮蔽）．導体は完全な静電遮蔽をおこなうので内部に電場がなくなる．
10) 物質が分極すると外部から仕事をされたことになるから，電気エネルギーは変化する．静電エネルギー密度は電束密度と電場を用いて (6.19) のように表される．
11) 異なる絶縁体（誘電体）の境界面において，境界面に平行な電場の成分は連続であり，境界面に垂直な電束密度の成分は連続である．しかし境界の一方の側に導体があるときには，導体表面に真電荷が存在しうるから，一般には電束密度に関するこの法則は成立しない．
12) 電束密度についてのガウスの法則は (6.29) のように真電荷のみが関係する．
13) 誘電体の分極ベクトルを (6.13) のように定義すると誘電体の分極によるエネルギー密度は (6.32) によって与えられる．これは，全静電エネルギーから外部電場がそれ自身でもつエネルギー密度を差し引いた形になっている．
14) 導体に電流が流れていないとき，内部には電束密度も存在しない．

問題 6.1　半径 r_1 と r_2 の間にはさまれた球殻状の電気的に中性の誘電体がありその

比誘電率を ε_r とする．この誘電体球殻の中心に電荷 Q をおいたところ，球殻の内面（半径 r_1 の球面）と外面（半径 r_2 の球面）に分極電荷が現れた．この電荷密度を求めよ．また中心から距離 r の位置での電場を求めよ．

問題 6.2 1辺の長さ L の正方形の極板が間隔 d だけ隔てられている平行板コンデンサに電圧 V の電源を接続した．この状態で，極板のあいだに比誘電率 ε_r，厚さ d の正方形（1辺の長さ L）の誘電体を入れようとするとき，この誘電体が引き込まれる力を求めよ．

問題 6.3 問題 6.2 と同じ条件で電圧 V_0 に充電した後，**電源を切り離してから**誘電体を挿入する場合に引き込まれる力を求めよ．

第7章

ガウスの法則の微分形

7.1 ガウスの法則の局所的表現

すでに (4.11) および (6.29) において述べたように，クーロンの法則からガウスの法則という重要な法則が導かれた．この法則は「任意の閉曲面において，電場ベクトル $\bm{E}$（または電束密度ベクトル $\bm{D}$）の面に垂直な成分を閉曲面全体について積分した結果は，その閉曲面内のすべての電荷を ε_0 で割ったもの（またはすべての真電荷）に等しい」ということを主張している．

ここで，閉曲面の内部の体積を非常に小さく（しかし分子のサイズよりは十分大きく）したらなにがおきるかという問に答えるのが以下の「ガウスの法則の微分形」といわれるものである．ガウスの法則では閉曲面はどのような形であってもよかったから，ここでは図 7.1 のように 3 辺の長さが $\Delta x, \Delta y, \Delta z$ の立方体とベクトル $\bm{C}$ を考えよう．図よりわかるように上下の面は $\bm{C}$ の z 成分 C_z しか寄与しない．同様にして左右の面は C_y のみが，前後の面は C_x のみが積分に寄与するのである．いま，この立方体の 1 つの頂点を p としそこでの $\bm{C}$ を成分に分けて

$$\bm{C} = (C_x, C_y, C_z) \tag{7.1}$$

と書き表す．これらの成分は異なる頂点では異なる値をもつはずである．たとえば頂点 a では，

$$C_{xa} = C_x + \Delta x \frac{\partial C_x}{\partial x}$$

7.1 ガウスの法則の局所的表現

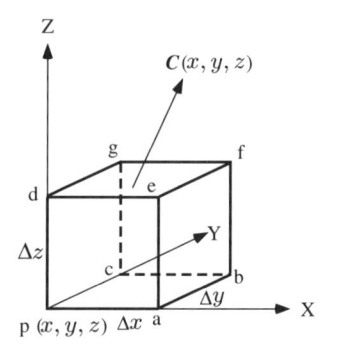

図 7.1

$$C_{ya} = C_y + \Delta x \frac{\partial C_y}{\partial x}$$

$$C_{za} = C_z + \Delta x \frac{\partial C_z}{\partial x} \tag{7.2}$$

と書ける．そこでまず上面を考えると，この面に垂直な積分に寄与する C_z だけを考えればよい．上面の 4 つの頂点で C_z はそれぞれ次のような値をとるであろう．

d 点で $C_{zd} = C_z + \Delta z \dfrac{\partial C_z}{\partial z}$

e 点で $C_{ze} = C_z + \Delta z \dfrac{\partial C_z}{\partial z} + \Delta x \dfrac{\partial C_z}{\partial x}$

f 点で $C_{zf} = C_z + \Delta z \dfrac{\partial C_z}{\partial z} + \Delta x \dfrac{\partial C_z}{\partial x} + \Delta y \dfrac{\partial C_z}{\partial y}$

g 点で $C_{zg} = C_z + \Delta z \dfrac{\partial C_z}{\partial z} + \Delta y \dfrac{\partial C_z}{\partial y}$ \hfill (7.3)

上面の C_z の値としてはこれら 4 つの値の平均 $\langle C_z \rangle$ をとろう．すなわち

$$\langle C_z \rangle = \frac{1}{4}(4C_z + 4\Delta z \frac{\partial C_z}{\partial z} + F_1) \tag{7.4}$$

という形に書ける．これに上面の面積 $\Delta x \Delta y$ を掛けたものが上面の寄与である．同様にして下面では p,a,b,c の 4 つの点で C_z は次の値をとる．

p 点で $C_{zp} = C_z$

a 点で $C_{za} = C_z + \Delta x \dfrac{\partial C_z}{\partial x}$

b 点で $C_{zb} = C_z + \Delta x \dfrac{\partial C_z}{\partial x} + \Delta y \dfrac{\partial C_z}{\partial y}$

c 点で $C_{zc} = C_z + \Delta y \dfrac{\partial C_z}{\partial y}$ (7.5)

これら 4 つの平均は

$$\langle C_z \rangle = \frac{1}{4}(4C_z + F_2) \tag{7.6}$$

という形に書ける．これを (7.4) と比較すると，$F_1 = F_2$ であることがわかる．下面の寄与はこれに $\Delta x \Delta y$ を掛ければよいのであるが面が下を向いているので符号を逆にしなければならない．したがって結局上面と下面をあわせた積分の寄与を S_z とすると，(7.4) と (7.6) との差を考慮して

$$S_z = \frac{\partial C_z}{\partial z} \Delta z \Delta x \Delta y \tag{7.7}$$

となることがわかる．

まったく同様にして，左右の面の寄与 S_y，前後の面の寄与 S_x は次のように表される．

$$S_y = \frac{\partial C_y}{\partial y} \Delta y \Delta z \Delta x \tag{7.8}$$

$$S_x = \frac{\partial C_x}{\partial x} \Delta x \Delta y \Delta z \tag{7.9}$$

以上の準備をしておくと，電場についてのガウスの法則はこの立方体について (4.11) より

$$(S_x + S_y + S_z)\Delta x \Delta y \Delta z = \frac{Q}{\varepsilon_0} \tag{7.10}$$

と書ける．そこで

$$\rho = \frac{Q}{\Delta x \Delta y \Delta z} \tag{7.11}$$

とおいて，これを体積電荷密度とよぼう．これは真電荷と分極電荷を合計した体積電荷密度である．さらにベクトル **C** を **E** に読み替えれば結局

$$\frac{\partial E_x}{\partial x} + \frac{\partial E_y}{\partial y} + \frac{\partial E_z}{\partial z} = \frac{\rho}{\varepsilon_0} \tag{7.12}$$

という関係が得られる．これを**電場のガウスの法則の微分形**という．ただし，ρ は点電荷や分極電荷など体積がゼロと考えられる場合は発散してしまうことに注意しよう．

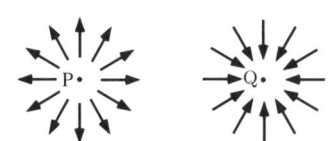

図 7.2

7.2　ベクトルの発散とガウスの法則の微分形

ところで (7.12) 式の左辺は **div** という演算子を用いてしばしば以下のように表現される．

$$\mathbf{div}\,\boldsymbol{E} = \frac{\rho}{\varepsilon_0} \tag{7.13}$$

ただし，**div** という演算子の作用は任意のベクトル $\boldsymbol{C}$ を用いて次のように定義される．

$$\mathbf{div}\,\boldsymbol{C} = \frac{\partial C_x}{\partial x} + \frac{\partial C_y}{\partial y} + \frac{\partial C_z}{\partial z} \tag{7.14}$$

同様にして，**電束密度についてのガウスの法則の微分形**は (6.29) に対応して

$$\mathbf{div}\,\boldsymbol{D} = \rho_t \tag{7.15}$$

と書ける．ここで ρ_t は真電荷のみの密度である．この関係によれば真電荷のないところでは $\mathbf{div}\,\boldsymbol{D} = 0$ である．

一般に $\mathbf{div}\,\boldsymbol{C}$ をベクトル $\boldsymbol{C}$ の**発散**ともいう．図 7.2 に示すように，ベクトル場 $\boldsymbol{C}$ が点から湧き出ているような場合（点 P）は，その点での発散は正である．逆に吸い込んでいるような場合（点 Q）は発散は負である．したがって，**div** という演算はベクトル場でなにかが湧き出しているか吸い込んでいるかを判定することのできる演算なのである．

ところで，(7.7), (7.8) および (7.9) の総和を考えると，左辺は表面積分であり，右辺は体積積分であるから

$$\int \boldsymbol{C}\cdot\boldsymbol{n}\,\mathrm{d}S = \int \mathbf{div}\,\boldsymbol{C}\,\mathrm{d}V \tag{7.16}$$

という関係が導かれる．すなわち，この関係は**一般のベクトル場にたいして成立する数学的な関係である**ので「**ガウスの定理**」とよばれる．$\boldsymbol{C}$ を電場ベ

クトルと考え，**div** C を電荷密度に比例した量と考えると，電磁気学の「ガウスの法則」になるのである．

　ガウスの法則の微分形では電荷そのものではなくて電荷密度が現れる．したがってクーロンの法則に現れたような大きさのない点電荷では都合が悪いことがおきる．点電荷では体積密度が無限大になって発散する．これに対応して電場あるいは電束密度も発散する．このような発散を避けようと思えば，ガウスの法則は微分形よりも積分形のほうが有用である．

[この章の重要事項]

1) ガウスの法則の積分形で閉曲面を小さくしていった極限として，ガウスの法則の微分形が得られる．
2) あるベクトル場の発散をとったとき正であれば，そのベクトルはその点から湧き出しているようにみえる．負であれば吸い込まれているようにみえる．
3) 電場の発散は（分極電荷を含めた）すべての電荷密度を与え，電束密度の発散は真電荷密度を与える．

問題 7.1　1個の点電荷のつくる電場の発散は点電荷の存在しない場所でゼロになることを直接の計算で確かめよ．

第8章

磁気と電流，ビオ・サバールの法則

8.1 磁気の理論をどのように定式化するか

　磁気の理論は，電荷に対応した**磁荷**の存在をみとめると，電気と同じような法則をつくることができる．すなわち，N 極や S 極をつくる磁荷が存在すると仮定して，磁気のクーロンの法則から磁場 H が定義され，また誘電体に対応して「磁性体」を定義すると磁束密度 B が定義される．このとき，電気の分極 P に対応する磁気の分極 M も同様に定義される．実際に科学者クーロンは，ねじり秤を用いて磁石の間の力を測定し，磁気のクーロンの法則を実験的に確かめたのである．もちろん彼は，長い棒磁石の両端には N 極と S 極があると仮定していた．

　しかし，物理学は経験に基づく学問であるから，次の 2 つの実験事実を無視するわけにはいかない．それは

① N 極だけまたは S 極だけといった単極磁荷は発見されていない，
② 電流が流れると磁気の作用が生ずる，

ということである．

　そこで，上の条件に抵触しないように理論を定式化しよう．

8.2 N極とS極の等量性

電流を流すと磁気の作用があることはよく知られている．この作用は電流の近くに磁石をもってくると磁石のN極S極に逆向きに力がはたらくことで，実験的に確認することができる．

ところで磁石を分割すると，より小さな磁石になる．しかしわれわれは決してN極だけとかS極だけを取り出すことはできない．この意味では「磁荷」という概念は理論のなかで便宜的に導入したものである

われわれはまず仮想的に「磁場」が電流によってつくられたと解釈する．これを**電流と磁石の等価原理**という．磁場はN極とS極の磁荷に逆方向の力をおよぼす．だからもしN極とS極の磁荷の量が等しくないと，一様な磁場のなかに磁石をおいたときこの力を合成するとゼロでなくなり，磁石は磁場の方向に平行にどんどん加速されてしまうであろう．しかし，実験的にこのようなことは確認されていない．したがって**磁石にはN極とS極が等しい量だけ存在する**と仮定しなければならない．

以上のように，われわれは状況証拠として磁場のクーロンの法則が成立するものとし，「N極」「S極」とよばれる磁荷があたかも等しい量だけ存在するがごとく理論を組み立てるのである．このように理論を組み立てても，なんらかの実験事実と矛盾するようであれば理論を修正しなければならないが，いまのところそのような実験事実は見出されていない．

8.3 磁荷のクーロンの法則と磁気双極子

磁荷のクーロンの法則は次のように与えられる．2つの磁荷を m_1, m_2 とすると m_2 が m_1 におよぼす力 f は

$$f = \frac{m_1 m_2}{4\pi\mu_0} \frac{\bm{r}_{12}}{r^3} \tag{8.1}$$

となる．ここで，m_1, m_2 は磁荷の大きさでN極の場合に正，S極の場合に負の符号をとるものとする．磁荷の単位はウェーバー（weber）である．電気の場合のクーロンの法則における真空の誘電率 ε_0 と同様に，(8.1) 式には**真空の透磁率** μ_0 が含まれる．力をニュートン (N)，長さをメートルで表すと，

8.3 磁荷のクーロンの法則と磁気双極子

真空の透磁率 μ_0 は

$$\mu_0 = 4\pi \times 10^{-7} \text{weber}^2/(\text{N}\cdot\text{m}^2)$$

となるように定義されている．μ_0 が上のように決まると，(8.1) によりウェーバーという磁荷の単位が定義される．

単極磁荷がないのであるから，クーロンの法則でも N 極と S 極が等量だけ存在しなければならない．そこで，3.9 節で議論した電気双極子の考えを磁荷に適用しよう．$\pm m$ の磁荷が距離 d だけ隔てておかれているとする．これを**磁気双極子**とよぶ．ここで

$$p_m = md \tag{8.2}$$

を一定に保ったまま，d をゼロに近づける．大きさ p_m で $-m$ から $+m$ に向かうベクトルを（磁気）磁気双極子モーメントという．このとき電気双極子モーメントによる電位との類推で「磁位」$V_m(\boldsymbol{r})$ を定義すると，(3.28) 式と同様に磁位は次のように与えられる．

$$V_m(\boldsymbol{r}) = \frac{p_m}{4\pi\mu_0}\frac{\cos\theta}{r^2} \tag{8.3}$$

透磁率 μ_0 の単位はすでに定義してあるから，(8.3) より磁位の単位は次のように決まる．

磁位の単位：$\text{N}\cdot\text{m}/(\text{weber})$

電気との類推で，磁場 $\boldsymbol{H}(\boldsymbol{r})$ は磁位 $V_m(\boldsymbol{r})$ を用いて次のように表される．

$$\boldsymbol{H}(\boldsymbol{r}) = -\mathbf{grad}\, V_m(\boldsymbol{r}) \tag{8.4}$$

となる．**grad** という演算は長さによる微分を含むから，磁場の大きさ H の単位は，磁位の単位から m を消去して

H の単位：N/weber

となる．電場の単位が N/C(クーロン) であったのと非常に似ている．また後に，磁場の単位は A(アンペア)/m(メートル) とも書けることを示す．

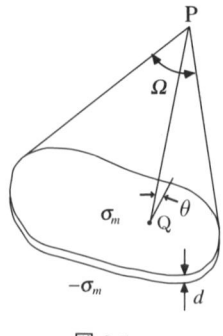

図 8.1

8.4 薄板磁石

薄板磁石とは，図 8.1 に示すように，厚さ d の薄板面の表裏にそれぞれ $\pm\sigma_m$ の**一様な磁荷密度**が生じている磁石であると定義する．すなわちその表の面には正磁荷が単位面積当り σ_m で一様に分布しており，板の裏の面には負磁荷が単位面積当り $-\sigma_m$ で一様に分布している．ここで，面の任意の点 Q の近傍に微小な面積 ΔS をとると，表と裏にそれぞれ $\pm\Delta S\sigma_m$ の磁荷があることになる．ここで，$d\sigma_m = p_m$ を一定に保ちながら d をゼロに近づけ σ_m を無限大に近づけると，磁気双極子を面積 ΔS の面に垂直に並べた状況と同等である．多数の磁気双極子が面に垂直にならんだ状態であるから，厚さ d は無限に薄いと考えるのである．この薄板磁石が外部の点 P につくる磁位を求めてみよう．

点 Q から点 P までの距離を r とする．また磁荷密度が一様であるから，微小面積 ΔS における**磁気双極子モーメントの向き**はその微小な面に**垂直**である．そこでこの面に法線をたてて直線 QP とのなす角を θ とする．そうすると，点 Q の近傍の微小な面 ΔS に含まれる磁気双極子による点 P における磁位は，無限遠方をゼロとしたとき，(8.2), (8.3) を用いて

$$\begin{aligned}V_m(\boldsymbol{r}) &= \frac{\Delta S \sigma_m d}{4\pi\mu_0}\frac{\cos\theta}{r^2} \\ &= \frac{p_m}{4\pi\mu_0}\frac{\Delta S \cos\theta}{r^2}\end{aligned} \quad (8.5)$$

と表される．

8.4 薄板磁石　79

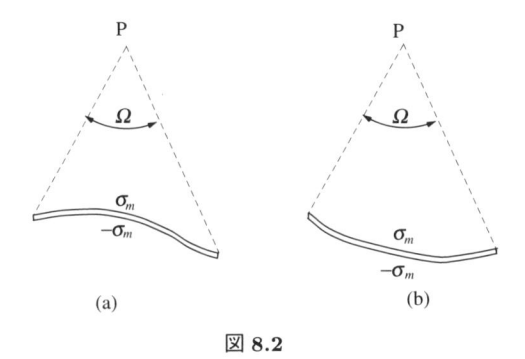

図 8.2

ところがこの最後の式で，点 P から ΔS を見込む立体角を $\Delta\Omega$ とすると

$$\frac{\Delta S \cos\theta}{r^2} = \Delta\Omega \tag{8.6}$$

という，**微小面積と微小立体角の関係**がある．立体角の定義については，付録 A.3 節を参照されたい．立体角は半径 1 の球からみたときは球面上の面積に等しいが，これを任意の距離と面に拡張して考えると，立体角が同じならば面積は距離 r の 2 乗に比例するので (8.6) の関係が成立することが理解できるであろう．

以上により (8.5) は，$\Delta\Omega$ を微分 $d\Omega$ と書き換えて

$$V_m(\boldsymbol{r}) = \frac{p_m}{4\pi\mu_0} d\Omega \tag{8.7}$$

と書き換えることができる．したがって，P から薄板磁石全体を見込む立体角を Ω とすると，(8.5) を面 S 全体について積分するかわりに，立体角の積分で置き換えられることができる．立体角で積分すると

$$V_m(\boldsymbol{r}) = \frac{p_m}{4\pi\mu_0} \Omega \tag{8.8}$$

となる．これは**距離 r を含まない立体角 Ω だけの関数**になっている．ここでは d が無限に薄いと考えているので，薄板の表面を見込む立体角も裏面を見込む立体角も Ω に等しい．

重要なことは，図 8.2 の面 S_1 と S_2 のように，**異なる面の形をしていても p_m と Ω が一定ならば，磁位は同じになる**のである．なぜこうなったのか考

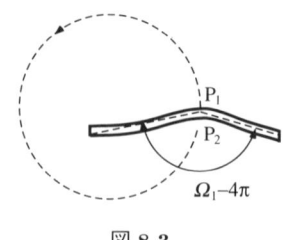

図 8.3

えてみよう．立体角が同じとすればその立体角が見込む面積は観測点から面までの距離の 2 乗に比例する．ところが磁位は (8.5) のように距離の 2 乗に反比例するから距離 r への依存性は打ち消しあってしまう．また，面が斜めになっていれば同じ立体角の見込む面積は $(1/\cos\theta)$ だけ大きくなる．ところがこのファクターも (8.5) の $\cos\theta$ によって打ち消されてしまう．このような打消しがあるので，面の形によらなくなったのである．

次に，以上のように求められた磁位から，この薄板状分極の表面と裏面との磁位の差を求めてみよう．図 8.3 のように面の断面を考えると，表面の点 P_1 から曲線に沿って裏面の点 P_2 にいたる道筋で磁位がどのように変化するだろうか．まず点 P_1 から面を見込む立体角を Ω_1 とする．観測点を P_1 から曲線に沿って動かしていくと立体角は次第に減少してついには負になり最終的には，点 P_2 から見込む立体角の符号を反転した $\Omega_1 - 4\pi$ になる．すなわち P_1 からみた立体角と P_2 からみた立体角の差は 4π である．したがって (8.7) を P_1 から P_2 まで積分すると

$$V_{12} = \frac{p_m}{4\pi\mu_0} 4\pi$$
$$= \frac{p_m}{\mu_0} \qquad (8.9)$$

となる．すなわち **正磁荷のある面が負磁荷のある面より (8.9) で示す値だけ磁位が高い** のである．

また電気の場合との類推から，**磁荷 m が磁場 H 中で受ける力は mH** であることも理解できよう．

薄板磁石を用いると，**電気分極 P** に対応して，**薄板磁石内部の磁気分極ベクトル M** を定義することができる．P との類推から M は薄板磁石の内部

の磁場の符号を変えて μ_0 を乗じた量である．また (8.4) により磁場 H は磁位の勾配の符号を変えた量であるから (8.9) の左辺を d で割り算した大きさすなわち σ_m/μ_0 になる．したがって，M は，**大きさ σ_m をもち面に垂直かつ裏面から表面に向かうベクトル場である**．このことから，磁気分極 M の単位は磁荷密度 σ_m の単位と同じで，長さの単位をメートル (m) とすれば

$$M \text{の単位}: \text{weber}/\text{m}^2$$

となる．薄板状でない一般の形の磁性体の M の測定法は，6.5 節で論じた P の測定法と同様であるが，後に 14.3 節で明らかにする．

8.5 電流と電流密度

電流とはその名の通り電荷の流れである．電流は途中で途切れたりしない保存量であるから，**電流の大きさはそれ自身で重要な物理量である**．ただし，単位面積当りの電流すなわち電流密度を定義しようとすると，単位面積を定義する面の法線の向きを定めなければならない．この法線の向きを局所的な電流の向きと平行にとることにより，**電流密度はベクトル量として定義される**．

すでに 1.1 節で述べたように，1 秒当りに 1 クーロンの電荷が流れているとき 1 アンペアの電流と定義される．(ただし 19.3 節で述べるように現在では絶対アンペアという少し異なった定義を出発点にして後からクーロンを定義し直す．) **保存量としての電流の大きさの重要性は，後にアンペアの法則の積分形やインダクタンスの定義に現れる**．

次に電流の流れている領域すなわち断面積を考えよう．クーロンの法則で大きさのない点電荷を考えたのとまったく同様に，この断面積がゼロ，すなわち電荷が太さのない曲線に沿って流れている状況を考えることができる．このとき単位断面積当りの電流は電流の流れているところでは無限大になる．これと対照的に曲線にゼロでない太さを考えて単位面積当りの電流すなわち電流密度を定義することができる．

習慣的に電流や電流密度を表す文字はおおよそ決まっている．スカラー量としての電流は I または i という文字を使い，ベクトルとしての電流密度は J や j という文字を使うことが多い．電流密度の大きさは電流の大きさが一定

でも断面積が変われば変化する．したがって電流密度は保存量ではなく，つねに場所に依存したベクトル場としてあつかわれる．

電流は電荷の流れであるから流れていないものは電流に寄与しない．たとえば普通の導体では正の電荷をもつイオンは全体として流れはない．電子だけが流れているので電子だけが電流に寄与する．これにたいして加速器中のビームなどは荷電粒子が直接運動しており電流に寄与する．

8.6　定常電流

電流のなかには時間的に変化しないものがある．これを**定常電流**という．加速器中の荷電粒子ビームなどは短いパルスの繰返しになっているものがあるが，このように時間的に変化する電流は定常電流とはいわない．もっとも，**電流が定常的にみえるかどうかは観測**にかかっている．時間変化が非常に速いものでも観測時間が比較的ゆっくりしていて平均的に一定にみえるものは，それより遅い時間で観測すれば定常電流とみなすことができる．

物理学には，時間的空間的な観測の分解能によっては全体を平均的にながめたほうが現象の記述が容易になる場合がしばしば登場する．これを「**粗さ平均の原理**」という．すでに述べた「誘電体の誘電率」は物質のミクロな構造に立ち入らずに現象論的に定義された量であったが，ミクロにみた粗さをマクロに（巨視的に）みることにより平均された量ということもできる．電流の場合，電流の担い手は電荷という不連続な粒子であるから，ミクロにみれば決して連続ではなく電流も揺らいでいるはずである．しかしこのような揺らぎのみえないような遅い観測時間でみればほとんど直流電流にみえ，定常電流とみなすことができるのである．

8.7　ビオ・サバールの法則

実験事実によれば，8.3節で述べた薄板磁石は，その外周を囲むある電流で置き換えることができる．すなわち外部の磁場に対して薄板磁石と電流がまったく同じ作用をするという実験事実が，「**電流と磁石の等価性**」を示唆す

8.7 ビオ・サバールの法則

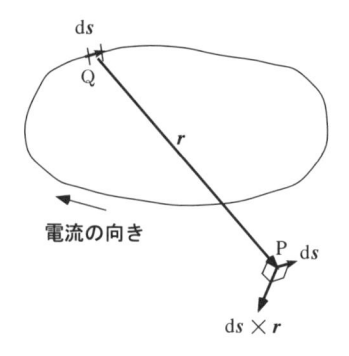

図 8.4

る．等価な電流は以下のように与えられる．すなわち

$$I = \frac{p_m}{\mu_0} \tag{8.10}$$

という電流を外周に流すと，この薄板磁石と同じ効果があるという経験的事実がある．すなわち同じ磁位を外部につくりだすのである．これを**等価電流**という．電流は外周を 1 周しているからこの電流は大きさだけが意味をもつ．(8.10) 式の右辺は (8.9) 式の右辺と等しいことに注目しよう．すなわち，電流の単位は磁位の単位と同じである．スカラー量である電流がスカラー量である磁位に対応している．

重要なことは，この等価性は**薄板状磁石の周辺が電流の経路と一致さえしていれば，薄板状磁石の形状によらない**ということである．このことは，磁荷密度と厚さが決まってさえいれば磁位が立体角にしかよらないことを示す (8.1) 式からも予想されることである．

以上のことから，電流を流したときにどのような磁場ができるかを示す法則が存在することが示唆される．特に定常電流が流れているときの電流または電流密度と磁場との関係を与える法則が，2 人の学者によって定式化され，**ビオ・サバール（Biot-Savart）の法則**とよばれている．この法則によれば，図 8.4 に示すように，閉曲線に電流 I が流れているとき，点 P における磁場は次のように表される．

$$\bm{H}(\bm{r}) = \oint \frac{I}{4\pi}\left(\mathrm{d}\bm{s} \times \left(\frac{\bm{r}}{r^3}\right)\right) \tag{8.11}$$

ここで r は閉曲線の微小な線素 ds から P へ向かうベクトル,r はその大きさで,積分は閉曲線に沿って 1 周するようにおこなわれる.(ベクトル積の定義については付録 A.1 節を参照されたい.)

1 周の積分をおこなうかわりに,閉曲線の一部だけの寄与を書き表すと,点 P における磁場は

$$\Delta H(r) = \frac{1}{4\pi}\frac{I\Delta s \times r}{r^3} \tag{8.12}$$

となる.この式を Δs について閉曲線に沿って積分すると,当然 (8.11) 式に等しくなる.(8.12) 式をビオ・サバールの法則の局所形という.この表現にもベクトル積が含まれていることに注意しよう.ただし r は電流の切れ端 Δs から磁場の観測点 P に向かうベクトルである.(8.11) や (8.12) の右辺は,点電荷のつくる電場と同様に,**距離の 2 乗に反比例している**.

もちろん (8.12) 式は物理的には注意してとりあつかわねばならない式である.なぜなら**定常電流を問題にする限り端のある電流は存在しない**からであり,本来は (8.11) 式が意味があったのである.どのような定常電流も,閉じているかあるいは両端が無限の遠方まで続いているかのどちらかである.したがって電流の切れ端による磁場のみを考えても物理的には意味がない.曲線に沿ったすべての積分をおこなうべきである.

さて (8.11) 式でやや複雑なことは,**この公式には 2 つの座標が含まれている**ことである.そこで磁場 H を定義する位置 (点 P の座標) を改めて $r(x,y,z)$ とおき,電流のある場所 Q を定義する位置を $r'(x',y',z')$ として区別せねばならない.すなわち,(8.11) における s は x',y',z' のみの関数であり,r は改めて $r-r'$ と置き換える.この大きさは

$$|r-r'| = \sqrt{(x-x')^2 + (y-y')^2 + (z-z')^2} \tag{8.13}$$

と表される.

電流のかわりに電流密度を考えるときは電流に太さがある.このときは多数の閉曲線が重ね合わさってそのような太さのある電流が生じたと考えればよい.太さの効果を取り入れるために,電流密度 (ベクトル) に垂直な断面 ΔS についての積分がつけ加わる.$\Delta S \Delta s$ についての積分は体積要素 $\Delta v = \mathrm{d}x'\mathrm{d}y'\mathrm{d}z'$ についての積分で置き換えることができるから,電流密度ベクトルを $j(x',y',z')$

とすると

$$H(r) = \frac{1}{4\pi} \iiint \frac{j \times |r - r'|}{|r - r'|^3} dx' dy' dz' \quad (8.14)$$

と表現することもできる．この形のビオ・サバールの法則とは最も一般性のある表現になっている．

実在する観測量が磁場 H でなくて**磁束密度 B** であるという立場では (8.11) または (8.14) の式に 8.3 節で述べた真空の透磁率 μ_0 を掛けて

$$B = \mu_0 H \quad (8.15)$$

とし，H ではなく B について議論することがある．磁束密度の大きさ B の単位は 8.3 節で述べた μ_0 の単位と H の単位を考慮し

$$B \text{ の単位：weber/m}^2$$

と表される．weber/m^2 という単位はしばしば**テスラ** (tesla) という単位で置き換えられる．また 1 テスラ $= 10^4$ ガウスという関係から**ガウス**という単位もしばしば用いられる．また B の単位は 8.4 節で述べた磁気分極ベクトル M の単位と同じであることがわかる．

(8.11) 式をみると，電流と磁場との関係はクーロンの法則に似ているところと違うところがあることに気がつく．似ているところは，磁場が距離の 2 乗に反比例する点であるが，違うところは位置ベクトルと電流とのベクトル積が含まれている点である．特に，時間を反転すると電流の向きが変わる．ビオ・サバールの法則では空間の反転と時間の反転を組み合わせても正しい磁場を与える法則になっていなければならない．このことから，**電流や磁場は時間反転によって符号を変える**という対称性が結論される．ビオ・サバールの法則を適用するときにまずもって対称性について考察しておくことはしばしば役に立つ．次章でいくつかの特別な場合について確かめてみよう．

[この章の重要事項]
1) 種々の経験的事実により磁場と電流が等価であることが確かめられている．
2) 単極磁荷は見出されていないが，あたかも単極磁荷が独立に存在すると仮定して磁荷のクーロンの法則を仮定することができる．

3) 磁荷のクーロンの法則から磁場を定義することができ，その勾配をとることにより磁位を定義することができる．磁場 H 中の磁荷 m が受ける力は mH であり，磁荷 m を磁位 V_m だけ高いところに動かす仕事は mV_m である．
4) 磁気双極子のつくる磁位は，無限遠方をゼロとして (8.3) で与えられる．距離の 2 乗に反比例し，磁気双極子ベクトル p となす角の余弦に比例する．
5) 磁気双極子を薄い板状に一様に並べると，薄板磁石ができる．これのつくる磁位は見込む立体角 Ω を用いて (8.8) で与えられる．
6) この磁位は立体角 Ω にはよるが，曲面の形状にはよらない．
7) これから，薄板磁石の表と裏の磁位の差は (8.9) のように導かれる．
8) この薄板状磁石は，その外周を (8.10) に相当する電流が流れている状況に置き換えることができる．こうすれば外部にまったく同じ磁場をつくりだすことが実験的にも確かめられている．
9) 電流の磁気作用を表すのがビオ・サバールの法則であり，太さのない電流については (8.11) 式で，太さのある電流については (8.14) 式で表される．電流は必ず閉じているか，あるいは無限遠方に続いているかのどちらかであるから，ビオ・サバールの法則は積分形が重要である．
10) 磁束密度 B の単位は磁気分極 M の単位と同じである．
11) ビオ・サバールの法則は，磁場が距離の 2 乗に反比例する点では電荷のクーロンの法則と似ているが，ベクトル積が含まれるところは異なっている．
12) ビオ・サバールの法則は位置ベクトルと電流のベクトル積を含んでいるので，時間反転すると電流や磁場は符号を変えるような対称性をもっている．

問題 8.1 ある薄板状磁石と，その形状を相似に 2 倍した薄板状磁石（厚さも 2 倍）を比較する．磁荷密度が一定のとき表と裏の磁位の差は 2 つの薄板磁石でどのようになるかを比較せよ．また，形状を相似に 2 倍にするとき磁荷密度を 2 分の 1 にしたらどうなるかを考察せよ．

第9章

電流のつくる磁場とアンペアの法則の積分形

　この章では，ビオ・サバールの法則をいくつかの例に適用して磁場を求めるとともに，磁石と等価電流との関係を用いてアンペアの法則を導く．

9.1　無限に長い直線電流による磁場

　図 9.1 のように太さのない無限に長い直線に定常電流 I が流れているとしよう．このときビオ・サバールの法則を適用すると，ベクトル積により磁場ベクトルの向きは，注目する点 P と直線を含む面に垂直であることがわかる．またこの系は軸対称性をもっているので，磁場ベクトルを追いかけていくと，直線電流を中心とした同心円になることもわかる．電流を逆向きにすれば磁

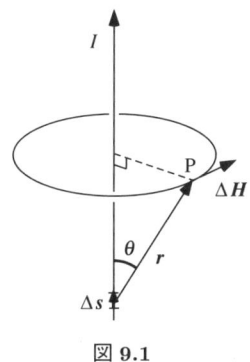

図 9.1

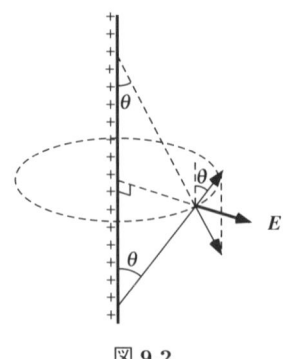

図 9.2

場も逆向きにならねばならない．ここまでは，詳しい計算をしなくともベクトル積の性質と対称性の考察からわかる．

次に点 P における磁場の大きさを求めてみよう．微小部分の寄与が距離の 2 乗に反比例することは直線状の電荷による電場の場合と同じである．ベクトル積の効果は，直線の向きと微小部分 Δs から点 P に向かうベクトル r とのなす角度を θ として，$\sin\theta$ を掛け算すれば取り入れることができる．

電気の場合は，4.2.1 項ではガウスの法則を用いて電場を求めた．しかし見方を変えると図 9.2 のように直線状に電荷が分布しているとき，それぞれの微小部分からの寄与を足し合わせても電場を求めることができたのである．このとき対称性の考察により電場ベクトルは直線に垂直であった．このことは，図のように r と直線がなす角を θ とするときの寄与は $2\sin\theta$ を掛け算して考えればよいことを意味する．すなわち角度が θ をなす部分による電場ベクトルと，$-\theta$ をなす部分による電場ベクトルとを合成した結果つねに電場は直線に垂直になることに注意すればよい．

以上を参考にすると，係数とベクトルの向きを別にすれば，無限に長い直線電流による磁場は，無限に長い直線状の一様な電荷分布による電場と非常に似ていることがわかる．したがって (4.13) 式の電場と同様に，磁場の大きさは点 P から直線におろした垂線の長さ r_0 に反比例するはずである．

このことを実際に計算で示してみよう．まず (8.12) はベクトル積のところ

を $\sin\theta$ を用いてその大きさになおすと次のように書ける．

$$H = \frac{1}{4\pi}\int_{-\infty}^{\infty}\frac{I\sin\theta\, ds}{r^2} \tag{9.1}$$

ただし H および ds はそれぞれ $\boldsymbol{H}$ および $d\boldsymbol{s}$ の大きさである．そこで次のような変数の変換をおこなう．

$$ds = \frac{r\,d\theta}{\sin\theta} \tag{9.2}$$

この関係は幾何学的な考察から明らかであろう．これを用いて (9.1) を書き換えると

$$H = \frac{1}{4\pi}\int_{0}^{\pi}\frac{I\,d\theta}{r} \tag{9.3}$$

さらに $\sin\theta = r_0/r$ であることを用いると (9.3) は

$$H = \frac{1}{4\pi}\int_{0}^{\pi}\frac{I\sin\theta\,d\theta}{r_0} \tag{9.4}$$

上の積分は容易に実行できて

$$H = \frac{I}{2\pi r_0}\int_{0}^{\pi/2}\sin\theta\,d\theta = \frac{I}{2\pi r_0} \tag{9.5}$$

となる．結果は予想通り r_0 に反比例している．この値に向きをつけてベクトル $\boldsymbol{H}$ を求める方法は自明であろう．

(9.5) 式は興味深い事実を含んでいる．すなわち，磁場の大きさに同心円の円周の長さ $2\pi r_0$ を乗ずると電流 I になるのである．単位磁荷をもってくるとはたらく力の大きさは H であるから，**単位磁荷を磁力線に沿って 1 周させると磁場がなした仕事は $2\pi r_0 H$ になる**．この仕事が電流 I に等しいということが，後に述べるアンペアの法則の原型になっているのである．

(9.5) 式で明らかなように $r_0 = 0$ のとき磁場は無限大に発散してしまう．これを避けるためには，直線の太さを有限にして電流密度を与え，(8.14) によって磁場を計算すればよい．しかし太さが有限な場合は，直接 (8.14) の積分をおこなうことは煩雑であるので，後に 11.1 節で直接にアンペアの法則を用いて簡単に計算するであろう．

図 9.3

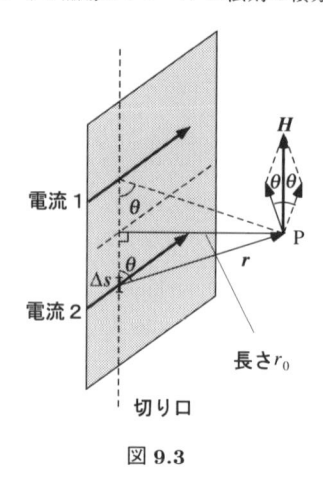

9.2 無限に広い平面内に一様に流れる電流による磁場

4.2.2 項において無限に広い平面上の電荷による電場を求めたが,結果として生じる電場は面に垂直で一定の大きさであった.ここでは類似の問題として図 9.3 のように無限に広い平面内で一方向に一様に電流が流れている場合を考察しよう.

すでに前節で直線電流による磁場が求められているので,この直線を平行移動したものによる磁場を無限に重ね合わせれば,図 9.3 の場合の磁場が求まるはずである.このとき,図のように直線電流 1 による磁場と直線電流 2 による磁場をベクトルとして重ね合わせると,面に垂直な成分は消えてしまう.したがって磁場ベクトル $\boldsymbol{H}$ は平面に平行でありかつ電流密度ベクトルに垂直な面内にあることになり,結果として図に示すような向きになっているであろう.

一方,無限に広い面は面内の並進移動対称性をもっているから,対称性の考察によっても上の考察は裏付けられることになる.

さて,実際に計算をおこなってみる.まず電流に垂直な切り口をみたときの電流密度を J としよう.したがって切り口に沿って ds の長さのところに含まれる電流は Jds である.次に磁場の観測点 P から平面までの距離を r_0 とし,ds の部分から P までの距離を r としよう.そうすると (9.5) の右辺に

おいて $r_0 = r$ とし，さらに I のかわりに Jds を代入して積分すると，求める磁場の大きさは

$$H = 2\frac{1}{2\pi}\int_0^\infty \frac{J\sin\theta\,ds}{r} \tag{9.6}$$

を計算すれば求まることになる．この式で $\sin\theta$ が含まれているのは，面に平行な磁場の成分のみを考慮したからである．このとき図 9.3 において，電流 1 と 2 を合成して磁場の面に平行な成分を求めたのであるから，上式に係数 2 が含まれる．これに対応して s の積分区間は 0 から ∞ までの半無限区間である．

次に (9.2) を考慮して置き換えをおこなうと

$$H = \frac{2}{2\pi}\int_0^{\pi/2} J\,d\theta = \frac{J}{2} \tag{9.7}$$

となって，結局磁場は r_0 によらなくなってしまった．つまり**磁場の大きさは平面からの距離によらずに一定**になっている．無限に広い平面電荷による電場の大きさの場合も r_0 によらなかったことを思いおこすと，無限平面電流による磁場の振る舞いも非常に似ていることが確かめられた．

磁場ベクトル $\boldsymbol{H}$ を求めると，電流が図中の矢印の向きであれば，この面の右側で $\boldsymbol{H}$ は下向き，左側で上向きになる．すなわち，電場の場合と同様に，**面の一方の側の空間と反対側の空間とでは磁場の向きが反対**であることがわかる．

9.3　円電流による磁場と薄板磁石との等価性

図 9.4 のように，太さのない半径 a の円状の導線に電流 I が流れているとして，中心軸上の磁場を求めてみよう．磁場を求める位置 P の座標が，円を含む平面から中心軸上で x だけ離れているとする．対称性の考察から磁場ベクトルの向きは軸方向に向いていることは明らかである．

まず $x = 0$ の場合を考えると，(8.12) 式におけるベクトル $\boldsymbol{r}$ の大きさは a に等しい．また，それぞれの電流の切れ端 $I d\boldsymbol{s}$ は対称性により軸上では同じ作用をするから，積分はベクトルではなく大きさだけに置き換えることがで

図 9.4

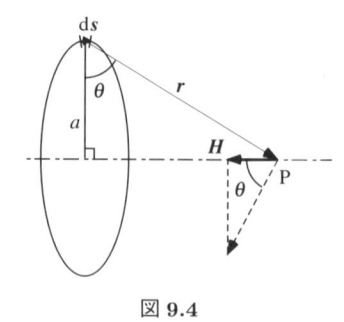

きる．すなわち磁場の大きさは

$$H = \frac{1}{4\pi} \oint \frac{I\mathrm{d}s}{a^2}$$
$$= \frac{I}{2a} \tag{9.8}$$

となる．次に x がゼロでない場合を考えよう．電流までの距離が a ではなく

$$r = (a^2 + x^2)^{1/2} \tag{9.9}$$

というように長くなっていることを考えると，(9.7) により磁場は距離の 2 乗に反比例するので (9.8) に $a^2/(a^2+x^2)$ を掛け算する必要がある．

これだけではまだ忘れていることがある．(8.5) はもともとベクトルの式で，それぞれの電流の切れ端からの寄与は x がゼロでないときは，図のように軸に対して傾いている．この磁場が，ちょうど反対側の切れ端からの寄与とベクトルの合成をおこなった結果として軸方向に向くことになる．このとき磁場の大きさは，軸方向の成分のみをとるために $a/(a^2+x^2)^{1/2}$ のファクター（図 9.4 の $\sin\theta$ に相当）だけ小さくなる．

以上を考慮すると，求める磁場の大きさは

$$H = \frac{Ia^2}{2(a^2+x^2)^{3/2}}$$
$$= \frac{Ia^2}{2r^3} \tag{9.10}$$

となることがわかる．磁場の向きは軸に平行である．

この結果を 8.3 節で議論した薄板磁石と比較してみよう．$x=0$ のときは中心からこの円を見込む立体角は 2π である．x がゼロでないときは点 P からこの円を見込む立体角は，付録 A.3 節による計算によって

$$\Omega = 2\pi\left(1 - \frac{x}{r}\right) \tag{9.11}$$

で与えられる．

一方，薄板磁石の磁位を与える (8.8) 式において，電流を (8.10) 式で与えると

$$V_m(\boldsymbol{r}) = \frac{I}{4\pi}\Omega \tag{9.12}$$

これに (9.11) を代入し

$$V_m(\boldsymbol{r}) = \frac{I}{2}\left(1 - \frac{x}{r}\right) \tag{9.13}$$

この磁位から磁場を求めるために (8.3) によって勾配を求めてみよう．右辺の偏微分を計算すると，$r = (a^2 + x^2)^{1/2}$ だから

$$\begin{aligned}\frac{\partial V_m(r)}{\partial x} &= -\frac{I}{2}\frac{a^2}{r^3} \\ \frac{\partial V_m(r)}{\partial y} &= 0 \\ \frac{\partial V_m(r)}{\partial z} &= 0 \end{aligned} \tag{9.14}$$

と計算される．よって，(8.3) で与えられる磁場は x 成分しかもたない．すなわち

$$H_x = \frac{Ia^2}{2r^3} \tag{9.15}$$

となるが，これは (9.10) で与えられる磁場に等しい．したがって実際に円盤状薄板磁石と円電流の等価性が成立していることが確認された．

9.4　長い円筒電流による磁場

図 9.5 のように，半径 a で長さが半径にくらべてはるかに長いソレノイドを流れる電流による磁場を計算しよう．電流密度はソレノイドの長さ方向の単位長さ当り J とする．これを計算するには，円電流の結果 (9.10) を利用する．

電流密度 J

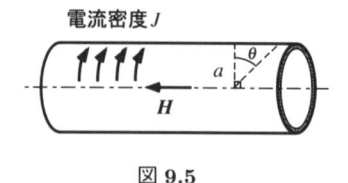

図 9.5

　軸方向の座標を x とし，I のかわりに $J\mathrm{d}x$ とおけば，中心軸上の磁場は

$$H = \int_{-\infty}^{\infty} \frac{a^2 J \,\mathrm{d}x}{2(a^2 + x^2)^{3/2}} \tag{9.16}$$

という積分で求められる．ここで図のように原点から電流の切れ端を見込む角度を θ として次のように変数を変換しよう．

$$x = a \tan \theta \tag{9.17}$$

そうすると

$$\mathrm{d}x = \frac{a\,\mathrm{d}\theta}{\cos^2 \theta} \tag{9.18}$$

と置き換えて，θ についての積分範囲を $-\pi/2$ から $\pi/2$ にとればよい．また

$$\cos \theta = \frac{a}{(a^2 + x^2)^{1/2}} \tag{9.19}$$

であることに注意して (9.16) の被積分関数を書き換えると

$$H = a^2 J \int_{-\pi/2}^{\pi/2} \left(\frac{\cos^3 \theta}{2a^3} \right) \frac{a\,\mathrm{d}\theta}{\cos^2 \theta}$$

$$= J \tag{9.20}$$

という結果が得られる．

　この結果の重要な点は，**磁場**が a によらないことである．すなわち非常に大きな a を考えても，長さをそれよりも十分に長くできるので一般性を失わない．そこで仮にこのソレノイドを，半径が a よりもはるかに小さいソレノイドを多数束にしたものに置き換えて考えてみよう．互いに隣り合う逆向きの電流は打ち消しあうから，このような束は結局半径 a の外周の外周の電流

だけが磁場に寄与していることになり，置き換えはいつでも可能である．どの小さいソレノイドにについてもその軸上の磁場は (9.20) で与えられるから，半径 a のソレノイドの内部では，中心軸上であってもそれからずれていても磁場は一定になることが推察される．

一方，長いソレノイドが円電流の重ね合わせであることから，円電流と等価な薄板磁石を高く積み重ねた場合と等価であることは容易に理解できる（ただし薄板磁石の内部では磁場は逆向きである）．薄板磁石の表面の磁位が面内の場所によらず一定であることを思いおこすと，等磁位面が等間隔で平行になり，(符号は反対であるが) 磁場が一定になることも理解できるであろう．

以上のように，**長いソレノイドの内部の磁場は，軸上であろうと軸からずれていようと一定である**ということが結論される．このことは，後に述べるアンペアの法則を用いると厳密に証明することができる．

9.5　薄板磁石を用いた「アンペアの法則の積分形」の導出

すでに薄板磁石について表面と裏面の磁位の差を (8.9) のように求め，等価電流を (8.10) のように求めた．そこで次に，磁荷 m を表から外部を通って裏側に移動する仕事 W_m を求めてみよう．表と裏の磁位の差は決まっているから，この仕事は表側から裏側にいくのに磁石の外を通りさえすればどのような道筋でも同じ値になる．

この仕事は，(8.9) により磁位の差が V_{12} であったから

$$W_m = mV_{12} = m\frac{p_m}{\mu_0} \tag{9.21}$$

となる．一方この仕事は磁場 $\boldsymbol{H}$ が単位磁荷に力 $m\boldsymbol{H}$ をおよぼしながらなした仕事であるから，移動した曲線に沿った線積分で与えられるはずである．したがって

$$W_m = m \oint \boldsymbol{H} \cdot \mathrm{d}\boldsymbol{s} \tag{9.22}$$

となる．

さらに電流と薄板磁石の等価性 (8.10) を用いると，(9.21), (9.22) より

$$\oint \boldsymbol{H} \cdot \mathrm{d}\boldsymbol{s} = I \tag{9.23}$$

という関係が得られる．薄板状磁石の厚さ d はいくらでも薄くできるから，線積分の積分路はあたかも電流 I を取り囲んで 1 周したとみなせる．(9.23) を**アンペアの法則の積分形**という．なお，符号は，閉曲線に沿った積分の回転方向によって右ネジの進む方向が，それをつらぬく電流の正符号に対応すると定義する．

重ね合わせの原理により複数の電流があればそのそれぞれに対応して磁場が生ずる．したがって (9.27) の左辺の磁場はそのような磁場のベクトル和であり，右辺は積分路が囲むすべての電流の総和であると解釈できる．

しかしながら，磁荷を実際の電流の周りの磁場に沿って多数回も回転させれば，いくらでも仕事をされるようにみえるから，**電流のつくる磁場によって磁荷が受ける力は保存力ではない**のである．一方，薄板磁石のつくる磁場は磁位が定義できるのであるから，磁荷にたいしてはたらく力は保存力のように振る舞うことは明らかである．どこで電流と薄板磁石の等価性がこわれたのだろうか．

まず，磁石と電流の等価性は**外部**に対して与える磁位や磁場について述べていることに注意せねばならない．薄板磁石の場合，磁荷が**裏から表へ内部をくぐり抜けるときには磁位が元にもどってしまう**のであるから，つねに保存力になるのである．実際，磁石の内部では磁場は逆向きであるから，電流との等価性は崩れている．一方，電流のつくる磁場ではこのような磁位のもどりはなく単極磁荷にたいする磁位はいくらでも大きくなる．

(9.27) 式をみると，磁場の大きさ H の単位は電流（アンペア）を長さ (m) で割り算した形になっている．すなわち

$$\text{磁場の単位：A/m}$$

と表すことができる．この単位は 8.3 節で述べた N/weber という単位に等しい．アンペアを基本的物理量と考える立場では，これと矛盾しないように磁荷の単位 weber が定義される．

[この章の重要事項]

1) 無限に長い直線電流による磁場の大きさは，無限に長い直線状電荷のつくる電場の大きさと非常に似ている．ただし，ベクトルの向きは，電場

の場合は直線を中心とする放射状であるのにたいして，磁場の場合は直線を中心とした同心円の接線方向を向いている．
2) 無限に広い平面電流による磁場の大きさは，無限に広い一様な電荷による電場の大きさと似ている．ただし，電場の向きは平面に垂直であったのにたいして，磁場の向きは面に平行で，電流の向きとは直交している．
3) 円電流による磁場は，その円を周辺とする薄板状平面磁石のつくる磁場と等価である．
4) 長いソレノイドによる内部の磁場は，中心軸からの距離によらず一定である．また長いソレノイドは薄板状磁石を軸方向に長く積み重ねた磁石と等価であるが，内部の磁場は互いに符号が逆である．
5) 薄板状磁石の外部で表側から裏側まで単位磁荷を動かしたときの仕事を考察することにより，アンペアの法則の積分形が得られる．しかし電流のつくる磁場は単極磁荷にとっては保存力場ではない．
6) 薄板磁石と電流の等価性は，外部につくる磁場に対して成立するのであって，磁石の内部には必ずしも適用できない．

問題 9.1 アンペアの法則の積分形の積分路は閉曲線である．例外として円電流による中心軸上の磁場を考える．この軸上で $-\infty$ から $+\infty$ まで磁場を線積分したときの値は円に流れる電流に等しくなることを，(9.10) 式を x について積分することにより示せ．

第10章

ベクトル場の回転とアンペアの法則の微分形

電気の法則では,クーロンの法則からガウスの法則を導いた.この定理は対称性のよい場合の電場の計算や,境界での電場の振る舞いを計算するときに威力を発揮した.磁気についても単極磁荷のつくる磁場を想定すれば磁場についてもガウスの法則が成立するはずである.しかしこの法則は単極磁荷が存在しないのでほとんど役に立たない.

さて9.5節で導いたアンペアの法則は積分形とよばれるが,この法則の局所形(微分形)を導こうというのがこの章の目的である.

10.1 ベクトル場の回転

まず数学的準備として,ベクトル場にたいして **rot** という演算を定義する.すなわち任意のベクトル場 $C(x, y, z)$ にたいして

$$\mathbf{rot}\,C = \left(\frac{\partial C_z}{\partial y} - \frac{\partial C_y}{\partial z}, \frac{\partial C_x}{\partial z} - \frac{\partial C_z}{\partial x}, \frac{\partial C_y}{\partial x} - \frac{\partial C_x}{\partial y}\right) \tag{10.1}$$

という演算で定義されるベクトルを考える.(10.1)式はベクトル場 C の「回転」ともよばれるので,その幾何学的意味を考えてみよう.

図10.1はXY平面内に図示したあるベクトル場 G である.ベクトルはどの点でもY軸方向に平行であるとしよう.また面の裏側から手前に向かって

ベクトル場 G

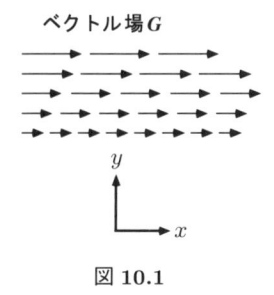

図 10.1

Z 軸があるとする．このとき，ベクトルの各成分は次のように書ける．

$$G_x = G_0 + ky \tag{10.2}$$

$$G_y = 0 \tag{10.3}$$

$$G_z = 0 \tag{10.4}$$

ただし，図の場合 k は正の値である．ここで，(10.1) の定義を用いると，平面内の任意の点で

$$(\mathbf{rot}\,\boldsymbol{G})_x = 0 \tag{10.5}$$

$$(\mathbf{rot}\,\boldsymbol{G})_y = 0 \tag{10.6}$$

$$(\mathbf{rot}\,\boldsymbol{G})_z = -k \tag{10.7}$$

が得られる．すなわち，図 10.1 の場合ベクトルの回転は z 成分だけがゼロでない値をもっているのである．

上の計算では (10.3) の右辺の G_0 は定数であって微分に影響を与えないから本質的ではない．もし $G_0 = 0$ ならば，このベクトル場は図 10.2 のようになるであろう．この図では $y = 0$ のところを境にしてその上下でベクトルの向きが逆転していることがはっきりと読みとれる．これはあたかも $y = 0$ の点に回転する渦があるかのようである．すなわち **rot** という演算は，あたかもなにかが回転しているときにその回転軸の方向とその回転の大きさを与える演算であると解釈できる．いま考えているベクトル場では，$y = 0$ の点だけでなくどの場所でも回転の成分があることに注目しよう．すなわち図 10.1 または図 10.2 のベクトル場では，渦はすべての場所に存在しているのである．

100 第 10 章 ベクトル場の回転とアンペアの法則の微分形

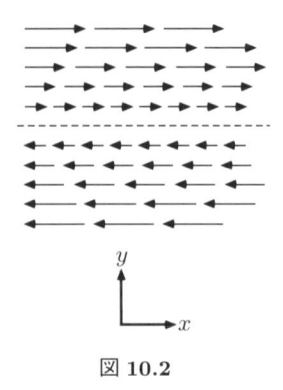

図 10.2

以上のことをもう少し一般的に理解するために，別の計算から **rot** の意味を明らかにしてみる．一般のベクトル場 $\boldsymbol{C}$ にたいして次のような線積分 F を考える．

$$F = \oint \boldsymbol{C} \cdot \mathrm{d}\boldsymbol{s} \tag{10.8}$$

この積分は (2.9) で定義した線積分に他ならない．この積分を図 10.3 のように XY 面内にある閉曲線に沿って実行してみる．すでに 3.5 節で議論したように，もし $\boldsymbol{C}$ が保存力を与える場（たとえば電場）であるならば上の積分はゼロである．なぜなら保存力ならば線積分によって位置のエネルギーが定義できるので，閉曲線のように元にもどってくるような積分は消えてしまうからである．したがって F がゼロでないとすれば $\boldsymbol{C}$ は**保存場とは違う別な性質をもつものでなくてはならない**．

さて (10.8) においても $\boldsymbol{C}$ が x, y, z の関数として連続的に変化する（連続関数である）としよう．さらに $\boldsymbol{C}$ が有界である（無限に大きくなったりしない）とすると，閉曲線の大きさを点 P を含むように無限に小さくしていけば，$\boldsymbol{C}$ の各成分の値はほとんど一定で $\mathrm{d}\boldsymbol{s}$ はいくらでも小さくなるから，たとえ $\boldsymbol{C}$ が保存力でなくてもやはり F はゼロに近づいてしまい，特別なことはおきない．そこで F の定義を変えて次のようにおこう．

$$F' = \lim_{S \to 0} \frac{1}{S} \oint \boldsymbol{C} \cdot \mathrm{d}\boldsymbol{s} \tag{10.9}$$

ここで S は閉曲線の囲む面積であるから閉曲線を小さくしていけばゼロに近

図 10.3

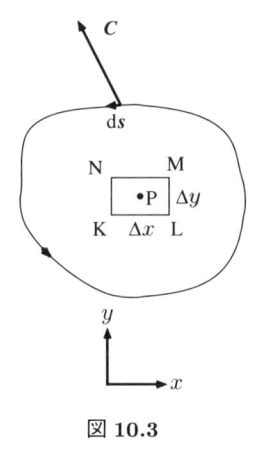

づく.すなわち F' はゼロに近づく 2 つの値の比の極限をとったものであるから,一般にはゼロでない値をとる可能性がある.

さて,図 10.3 において閉曲線を図のような長方形 KLMN にとっても一般性を失わない.なぜなら,$C \cdot ds$ はベクトルの内積を表すが,2.3 節で注意したように,内積は 2 つのベクトルの大きさにそれらの間の角度の余弦を掛け算するので,s がいかなる経路をとろうとそれを C に射影した成分のみが意味をもつからである.

そこで,(10.9) の積分路を図のように左まわりの長方形 KLMN にとり,この長方形を小さくしていったときの極限を考える.

まず,ds は z 成分をもたないから,線積分において C の z 成分 C_z を考慮する必要がないことは明らかである.したがって z 座標については考えずに xy 座標だけを考える.点 K,L,M,N の座標を次のようにとることができる.

$$K = (x, y) \tag{10.10}$$

$$L = (x + \Delta x, y) \tag{10.11}$$

$$M = (x + \Delta x, y + \Delta y) \tag{10.12}$$

$$N = (x, y + \Delta y) \tag{10.13}$$

まず KL に沿った線積分 F_{KL} は $C_x(x, y)$ の K 点での値と L 点での値を平均

して

$$F_{\text{KL}} = \frac{1}{2}(C_x(x,y) + C_x(x+\Delta x, y))\Delta x$$
$$= \frac{1}{2}(2C_x(x,y) + \frac{\partial C_x}{\partial x}\Delta x)\Delta x \tag{10.14}$$

と近似できる．また，KL の反対側の MN に沿った積分は線積分の符号が逆であることに注意し

$$F_{\text{MN}} = \frac{1}{2}(-2C_x(x,y+\Delta y) - \frac{\partial C_x}{\partial x}\Delta x)\Delta x \tag{10.15}$$

と近似できる．ここで F_{KL} と F_{MN} を加えると第 2 項は消えて

$$F_{\text{KL}} + F_{\text{MN}} = (C_x(x,y) - C_x(x,y+\Delta y))\Delta x$$
$$= -\frac{\partial C_x}{\partial y}\Delta y \Delta x \tag{10.16}$$

という簡単な関係が得られる．同様にして，LM および NK に沿った積分を計算して加えると，C_y のみを考慮すればよく

$$F_{\text{LM}} + F_{\text{NK}} = \frac{\partial C_y}{\partial x}\Delta x \Delta y \tag{10.17}$$

が得られる．長方形の面積は $S = \Delta x \Delta y$ であるから (10.9) の F' は (10.16) と (10.17) を加えて $\Delta x \Delta y$ で割算して

$$F' = \frac{\partial C_y}{\partial x} - \frac{\partial C_x}{\partial y} \tag{10.18}$$

という関係が得られる．この右辺は (10.1) の z 成分とまったく同じである．すなわち

$$(\mathbf{rot}\,\boldsymbol{C})_z = F' \tag{10.19}$$

となっている．

　結局，図 10.3 における XY 平面内の左まわりの線積分を積分路で囲まれた面積で割った値について，この面積を無限に小さくしていった極限として **rot** $\boldsymbol{C}$ の z 成分が定義されたのである．線積分の経路が回転しているという意味でも，この演算がベクトルの「回転」とよばれるのには道理がある．**rot** $\boldsymbol{C}$ の x, y 成分も同様に定義でき，(10.1) の関係が成立することは明らかであろう．

　以上により，ベクトル場の「回転」の演算にたいしてはいつでも **(10.9)** のような線積分と面積の比を思い浮かべると理解しやすいであろう．

10.2 保存場の回転

前節で触れたように電場ベクトルのような保存場にたいして **rot** の演算をおこなうとゼロになることが予想された．これを直接に証明してみよう．すでに (3.16) 式の前後で述べたように，保存場 C はある位置のエネルギー $\phi(x,y,z)$ から次のように与えられる．

$$C = -\mathrm{grad}\,\phi(x,y,z) \tag{10.20}$$

これをそれぞれの成分で書けば，

$$C_x = -\frac{\partial \phi}{\partial x}, \quad C_y = -\frac{\partial \phi}{\partial y}, \quad C_z = -\frac{\partial \phi}{\partial z}$$

となる．これからたとえば

$$(\mathrm{rot}\,C)_x = \frac{\partial}{\partial y}\left(-\frac{\partial \phi}{\partial z}\right) - \frac{\partial}{\partial z}\left(-\frac{\partial \phi}{\partial y}\right) = 0 \tag{10.21}$$

が得られる．ここで，数学の定理として偏微分の順序を変更できること（付録 A.2 節参照）を用いた．同様にして y 成分，z 成分もゼロになるので結局

$$\mathrm{rot}\,C = \mathrm{rot}(\mathrm{grad}\,\phi) = \mathbf{0} \tag{10.22}$$

という重要な関係が得られる．

以上のことから，「あるベクトル場に任意の保存場をつけ加えてもその回転 (**rot**) の値は変わらない」と結論することができる．

10.3 ベクトルポテンシャル

保存場から導かれる，位置のみに依存したスカラー量は，スカラーポテンシャルまたは単にポテンシャルとよばれることがある．これにたいして，

$$B = \mathrm{rot}\,C \tag{10.23}$$

なる関係があるとき，C を「B を生み出すベクトルポテンシャル」という．これはベクトルポテンシャルの一般的な定義である．

しかし，電磁気学ではベクトルポテンシャルという用語はもう少し限定された意味で使われることが多い．すでに9章で学んだように，電流は磁場をつくりだすが，磁場は決して保存場ではなかった．そうすると磁場はなにかベクトルポテンシャルの回転（**rot**）で表されることが推定される．しかもそのベクトルポテンシャルは電流に関係しているはずである．そこで電流密度 $\boldsymbol{j}$ が流れているとき，次のベクトル $\boldsymbol{A}$ を定義しよう．

$$\boldsymbol{A}(x,y,z) = \frac{\mu_0}{4\pi} \iiint \frac{\boldsymbol{j}(x',y',z')}{|\boldsymbol{r}-\boldsymbol{r}'|} \mathrm{d}x'\mathrm{d}y'\mathrm{d}z' \tag{10.24}$$

この段階では，$\boldsymbol{A}$ がベクトルポテンシャルであるかどうかはまだわからない．

ここで，μ_0 は (8.1) で定義された，真空の透磁率である．上の式で重要なことは，左辺は $\boldsymbol{r}(x,y,z)$ という位置での値であるのにたいして，右辺は $\boldsymbol{r}$ だけでなく $\boldsymbol{r}'(x',y',z')$ という座標を含んでいることである．前者はベクトルポテンシャルを観測する場所の座標であり，後者は電流密度に付随した座標である．積分は後者の座標にたいしておこなわれる．もし太さのない導線内に電流 I が流れているなら，体積積分のかわりに $I\mathrm{d}\boldsymbol{s}$ という線積分に書き直せばよい．具体的に書くと

$$\boldsymbol{A}(x,y,z) = \frac{\mu_0}{4\pi} \oint \frac{I\mathrm{d}\boldsymbol{s}(x',y',z')}{|\boldsymbol{r}-\boldsymbol{r}'|} \tag{10.25}$$

(10.24) でも (10.25) でも，右辺には以下の量を含んでいることに注意しよう．

$$|\boldsymbol{r}-\boldsymbol{r}'| = \sqrt{(x-x')^2 + (y-y')^2 + (z-z')^2} \tag{10.26}$$

ここで，両辺の **rot** をとるときは (x,y,z) 座標についておこなう必要がある．

実際に (10.24) の両辺の **rot** をとってその x 成分を計算してみると **rot** に含まれる微分と，積分の順序を入れ替えて

$$(\mathbf{rot}\,\boldsymbol{A})_x = \frac{\mu_0}{4\pi} \iiint \left(\mathbf{rot}\left(\frac{\boldsymbol{j}}{|\boldsymbol{r}-\boldsymbol{r}'|}\right)\right)_x \mathrm{d}x'\mathrm{d}y'\mathrm{d}z' \tag{10.27}$$

上式において，次の計算が必要である．$\boldsymbol{j}$ が (x,y,z) を含まないことに注意すると，(10.26) に注意すれば

$$\left(\mathbf{rot}\frac{\boldsymbol{j}}{|\boldsymbol{r}-\boldsymbol{r}'|}\right)_x = \iiint \left(j_z \frac{\partial}{\partial y}\left(\frac{1}{|\boldsymbol{r}-\boldsymbol{r}'|}\right) - j_y \frac{\partial}{\partial z}\left(\frac{1}{|\boldsymbol{r}-\boldsymbol{r}'|}\right)\right) \mathrm{d}x'\mathrm{d}y'\mathrm{d}z'$$

$$= -\iiint \left(\frac{j_z(y-y')}{|\boldsymbol{r}-\boldsymbol{r}'|^3} - \frac{j_y(z-z')}{|\boldsymbol{r}-\boldsymbol{r}'|^3} \right) \mathrm{d}x' \mathrm{d}y' \mathrm{d}z'$$

$$= \iiint \frac{(\boldsymbol{j} \times (\boldsymbol{r}-\boldsymbol{r}'))_x}{|\boldsymbol{r}-\boldsymbol{r}'|^3} \mathrm{d}x' \mathrm{d}y' \mathrm{d}z' \tag{10.28}$$

と変形できる．積分範囲は，$\boldsymbol{j}$ が x', y', z' のみの関数であるから，電流の存在する範囲すべてについておこなう．最後の等号はベクトル積の定義を用いて変形したものである．y 成分，z 成分についても同様に書けるので結局

$$\mathrm{rot}\frac{\boldsymbol{j}}{|\boldsymbol{r}-\boldsymbol{r}'|} = \iiint \frac{\boldsymbol{j} \times (\boldsymbol{r}-\boldsymbol{r}')}{|\boldsymbol{r}-\boldsymbol{r}'|^3} \mathrm{d}x' \mathrm{d}y' \mathrm{d}z' \tag{10.29}$$

したがって，(10.27) をすべての成分について書けば

$$\mathrm{rot}\, \boldsymbol{A} = \frac{\mu_0}{4\pi} \iiint \frac{\boldsymbol{j} \times (\boldsymbol{r}-\boldsymbol{r}')}{|\boldsymbol{r}-\boldsymbol{r}'|^3} \mathrm{d}x' \mathrm{d}y' \mathrm{d}z' \tag{10.30}$$

が得られる．ここでビオ・サバールの法則を思い出すと，この式を μ_0 で割ったものは (8.14) 式の右辺とまったく同じである．したがって，

$$\boldsymbol{H} = \frac{1}{\mu_0} \mathrm{rot}\, \boldsymbol{A} \tag{10.31}$$

とおいてやれば，(10.30) は (8.14) 式そのものすなわちビオ・サバールの法則に他ならない．すなわち，$\boldsymbol{A}$ は条件 (10.23) の形をしているから磁場 $\boldsymbol{H}$ を生み出すベクトルポテンシャルであることがわかった．ただし (10.31) は磁場 $\boldsymbol{H}$ が電流の磁気作用からだけつくられている場合を前提としており，磁荷による磁場は保存場を含むので (10.31) の形には表せない．磁性体があると磁極に磁荷を生じうるから，(10.31) の関係は不適切である．

のちに 14 章で述べるように，磁性体が存在する場合は磁束密度 $\boldsymbol{B}$ を定義して，実際の外部電流だけでなく物質内の仮想的な等価電流も $\boldsymbol{B}$ に寄与する（電流密度 $\boldsymbol{j}$ の中に等価電流密度を含める）と考えるかわりに，磁荷の寄与をあらわに考えない記述をおこなう．そのときは磁束密度は厳密にベクトルポテンシャルだけで表される．すなわち

$$\boldsymbol{B} = \mathrm{rot}\, \boldsymbol{A} \tag{10.32}$$

という関係は，電磁気学のなかでも基本的な関係の 1 つである．言い換えれば，磁性体があってもなくても一般的に $\boldsymbol{A}$ は磁束密度 $\boldsymbol{B}$ を生み出すベクトル

ポテンシャルである．真空中では $B = \mu_0 H$ であるから上の関係は (10.31) に帰着する．

　もちろん 10.2 節で述べた事情により上式の左辺の B を与える A は一義的には決まらない．たとえばある保存場によるスカラーポテンシャル ϕ を用いて

$$A' = A + \mathrm{grad}\,\phi \tag{10.33}$$

とおいても

$$B = \mathrm{rot}\,A' \tag{10.34}$$

となって同じ B が得られるのである．しかし，少なくとも (10.24) によって与えられる A はそのようなもののなかの 1 つになっている．

　ベクトルポテンシャルが一義的に決められない事情についてはこの章の末尾の例題でも考察しよう．

　なお，電流によるベクトルポテンシャルの計算のときに，電流密度のかわりに太さのない電流 I を考える場合は，(10.25) から出発して同様な計算をおこない

$$\mathrm{rot}\,A = \frac{\mu_0}{4\pi} \oint \frac{I d\boldsymbol{s} \times (\boldsymbol{r} - \boldsymbol{r}')}{|\boldsymbol{r} - \boldsymbol{r}'|^3} \tag{10.35}$$

という関係式を用いる．

10.4　単極磁極の有無について

　電気のガウスの法則では電束密度 D の発散（div）をとると真電荷の密度を与えた．すなわち

$$\mathrm{div}\,D = \rho_t \tag{7.15}$$

これから類推すると，磁束密度 B について「真磁荷密度」ρ_m を考えると

$$\mathrm{div}\,B = \rho_m \tag{10.36}$$

となることが想像される．ところが一般に任意のベクトル C にたいして微分が可能である限り

$$\mathrm{div}(\mathrm{rot}\,C) = 0 \tag{10.37}$$

10.5 アンペアの法則の微分形　107

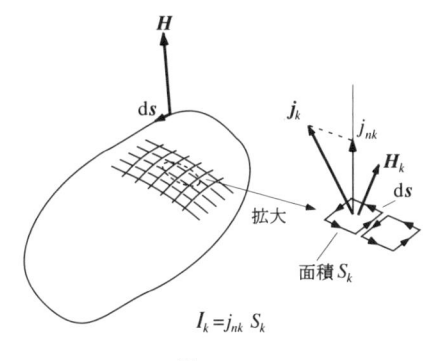

図 10.4

が成立する．これは以下のように，偏微分の順序を変更することに注意して直接証明することができる．

$$\mathbf{div}(\mathbf{rot}\,C) = \frac{\partial}{\partial x}\left(\frac{\partial C_z}{\partial y} - \frac{\partial C_y}{\partial z}\right) + \frac{\partial}{\partial y}\left(\frac{\partial C_x}{\partial z} - \frac{\partial C_z}{\partial x}\right) + \frac{\partial}{\partial z}\left(\frac{\partial C_y}{\partial x} - \frac{\partial C_x}{\partial y}\right)$$
$$= 0 \tag{10.38}$$

したがって，(10.36) についても (10.32) を考慮すると B が微分可能である限り

$$\mathbf{div}\,B = 0 \tag{10.39}$$

という関係が得られるのである．この式は「**単極磁荷 (真磁荷) は存在しない**」という主張と同等である．この性質は電束密度の性質 (7.15) とまったく異なった性質であるが，真空ではなく磁性体が存在するときにも (10.39) が成立する．

10.5　アンペアの法則の微分形

ベクトルの回転すなわち **rot** という概念の応用として，アンペアの法則の積分形 (9.23) を微分形に変形しよう．

図 10.4 のような閉曲線を考えて，この閉曲線が囲む曲面を電流が貫いているとする．電流のまわりに磁場ができるから，この磁場と電流の関係を明らかにしたい．ところで，貫いているかどうかを判定するためには，なにか基準

の面が必要である．そこで図のようにこの閉曲線を縁とする面を考える．閉曲線は必ずしも同一平面内にあるとは限らないのでこの面は一般には曲面である．

この閉曲線についてアンペアの法則の積分形である (9.23) を適用すると

$$I = \oint \boldsymbol{H} \cdot d\boldsymbol{s} \tag{10.40}$$

となる．ただし，I はこの閉曲線で囲まれる閉曲面を貫く電流の総和である．符号は，閉曲線に沿った線積分を上からみて反時計回りにおこなうとすれば，I はこの閉曲面を下から上に貫く場合を正と定義する．

次にこの曲面を図のように N 個の小さい領域に分割し，それぞれの小さな領域に 1 から N までの番号をつけよう．この k 番目の微小な閉曲線についてアンペアの法則 (9.23) を適用すると

$$I_k = \oint \boldsymbol{H}_k \cdot d\boldsymbol{s} \tag{10.41}$$

となる．ただし I_k は k 番目の微小面を貫く電流である．

そこで N 個のすべての微少領域について (10.41) の和をとると，I_k の総和は I であるから

$$I = \sum \oint \boldsymbol{H}_k \cdot d\boldsymbol{s} \tag{10.42}$$

ところでこの右辺において，隣り合う領域で辺を共通にしているところは磁場も共通である．しかし隣り合う微小領域では線積分の方向が逆なのでその共通の辺に沿っての線積分の大きさは同じで符号は逆であるので互いに打ち消しあう．よって，(10.42) の右辺は (10.40) の右辺に等しいことがわかった．すなわち微小な閉曲線についての関係 (10.41) はアンペアの法則の積分形と矛盾しない．

次に，k 番目の微小閉曲面の面積を S_k とおき，次の量を考える．

$$F'_k = \oint \boldsymbol{H}_k \cdot d\boldsymbol{s}/S_k = I_k/S_k \tag{10.43}$$

微小領域では $\boldsymbol{H}_k$ は一定とみなせるから S_k をゼロに近づけた極限の F'_k が定義できる．これは 10.1 節の議論によって **rot** $\boldsymbol{H}_k$ の微小領域 S_k に垂直な成

分を表している．よって

$$(\text{rot}\,\boldsymbol{H}_k)_n = I_k/S_k \tag{10.44}$$

となる．この右辺は電流密度の形をしているが，k 番目の微小電流密度 $\boldsymbol{j}_k$ の S_k に垂直な成分である．したがって，すべての成分を含めて書き表すと

$$\text{rot}\,\boldsymbol{H}_k = \boldsymbol{j}_k \tag{10.45}$$

となる．これが任意の k について成立するから一般に

$$\text{rot}\,\boldsymbol{H} = \boldsymbol{j} \tag{10.46}$$

と書くことができる．これを**アンペアの法則の微分形**という．

ビオ・サバールの法則からもアンペアの法則の微分形を導くことができるが，やや難解なので付録 A.5 節で解説する．磁気の法則としてはこの **2 つの法則は同等**である．これはちょうど電気のクーロンの法則とガウスの法則が同等であるのと似ている．ビオ・サバールの法則を電気のクーロンの法則に対応させるとすれば，磁気のアンペアの法則はガウスの法則に対応する．実際には問題に応じて使いやすいほうを用いればよい．

[この章の重要事項]

1) ベクトル場の回転は (10.1) で定義される．これは (10.9) のような数学的意味をもつ．
2) 保存場の回転はゼロである．
3) ベクトルポテンシャルの一般的定義は (10.23) である．電磁気学では電流を与えたとき，ベクトルポテンシャル $\boldsymbol{A}$ を (10.24) または (10.25) で定義すると，ビオ・サバールの法則から (10.31) を満足することが証明されるから，$\boldsymbol{A}$ は確かにベクトルポテンシャルである．
4) 磁性体中に磁荷がある場合は磁場 $\boldsymbol{H}$ は $\boldsymbol{A}$ で表せない．しかし磁束密度 $\boldsymbol{B}$ は磁性体があっても適当な $\boldsymbol{A}$ の回転で与えられる．
5) ベクトルポテンシャルには (10.34) のような任意性がある．
6) アンペアの法則の積分型は (9.23) であるが，ベクトルの回転の考え方により，アンペアの法則の微分型は (10.46) で与えられる．

7) ビオ・サバールの法則とアンペアの法則の関係は，電気のクーロンの法則とガウスの法則の関係に似ている．すなわち磁気の法則としてこれらは同等である．

問題 10.1 Z軸方向の一様な磁束密度 B_z を与えるようなベクトルポテンシャルは無限にあるが，次の場合について確認せよ．

1) $A_x = 0, A_y = B_z x, A_z = 0$
2) $A_x = -B_z y/2, A_y = B_z x/2, A_z = 0$

問題 10.2 ベクトルポテンシャルが

$$\boldsymbol{A} = (0, B_z |x|, 0)$$

で与えられるときの磁束密度は，無限に広い平面電流による磁束密度（または磁場）と同じ振る舞いをすることを示せ．

問題 10.3 ベクトルポテンシャルが

$$\boldsymbol{A} = (0, (B_z/2)(|x| - |x - d|), 0)$$

で与えられている．これは2枚の無限に広いYZ平面（$x = 0$ および $x = d$）においてY軸方向に互いに逆向きに電流が流れている場合に相当する．このとき，この2枚の平面にはさまれた空間では一様な磁束密度 $\boldsymbol{B}(0, 0, B_z)$ が発生することを確かめよ．

第11章

アンペアの法則の応用

アンペアの法則 (9.23)（または (10.40)）は，科学者アンペールが 1820 年頃，実験的観察から導いた法則である．そのころ電流の力学的作用もある程度知られていて，むしろそれにかかわる力から磁場の存在を意識したと想像される．ところがまったく同じ頃ビオ・サバールの法則が導かれている．要するに，一方から他方を導くのは単に数学の問題であった．ただし，力学的な作用がはっきりとフレミングの法則の形で定式化されたのはもう少し後のことである．

現在のように確立された電磁気学のなかで，アンペアの法則がどのように役に立つかをみてみよう．電荷についてのガウスの法則の積分形がそうであったように，アンペアの法則もその積分形 (9.23) が非常に役に立つ．

11.1　太さのある無限に長い電流による磁場

図 11.1 のように，断面が半径 a の円で無限に長い円柱状導体内部に一様な電流 I が流れている場合を考える．

まず対称性の考察から，磁場 $\boldsymbol{H}$ のベクトルの向きはこの導体の中心軸を中心とする同心円に沿っているであろう．よって，(10.40) 式の右辺の積分路としては，そのような同心円を考えればよい．$\boldsymbol{H}$ はつねに積分路の微小線素に平行であるから，右辺の積分は $\boldsymbol{H}$ の大きさ H にこの円の周長を掛けたもの

第11章 アンペアの法則の応用

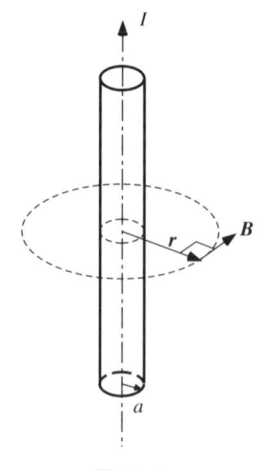

図 11.1

になる．

よって，まず導体の中心軸から観測点 P までの距離を r とすると $r > a$ のときこの円をつらぬく電流の総和は I であるから，線積分をおこなうと

$$I = \pi r H \tag{11.1}$$

が得られ，これから

$$H = I/(2\pi r) \tag{11.2}$$

という結果が得られる．これが (9.5) と同等な式であることは明らかであろう．

次に，$r \leqq a$ のときは円を貫く電流の総和は円の面積に比例して I' に減少する．すなわち

$$I' = Ir^2/a^2 \tag{11.3}$$

となるから (11.2) のかわりに

$$H = Ir/(2\pi a^2) \tag{11.4}$$

という結果が得られる．この結果を直接にビオ・サバールの法則を用いて得るのは煩雑であり，アンペアの法則を用いたので簡単に得られたのである．

11.2 無限に長いソレノイドの外部の磁場

この問題は，すでに 9.4 節でとりあつかった問題と同等であるが，その結果を用いて，アンペアの法則の立場からソレノイドの外部の磁場を考察する．図 11.2 のように長いソレノイドがあって，単位長さ当りの電流密度を J とする．ソレノイドの内部では磁場ベクトル $\boldsymbol{H}_1$ は軸に平行で軸方向の並進対称性によりその大きさ H_1 は変わらないことはすでにわかっている．またソレノイドの外部の磁場は未知であるが，仮に磁場ベクトル $\boldsymbol{H}_2$ がやはり軸に平行であるとしてその大きさを H_2 としよう．

そこでアンペアの法則を適用するために図のような長方形の積分路をとる．この長方形の長さを d とすると，この長方形を貫く電流の総和 I は Jd である．一方 9.4 節の結果から $H_1 = J$ であることがわかっている．長方形の短い辺については磁場ベクトルと垂直であり線積分に寄与しない．図では電流は紙面の表から裏に向かっているので積分路は時計回りにおこなう．よって全体の積分は

$$H_1 d - H_2 d = Jd - H_2 d = I = Jd \tag{11.5}$$

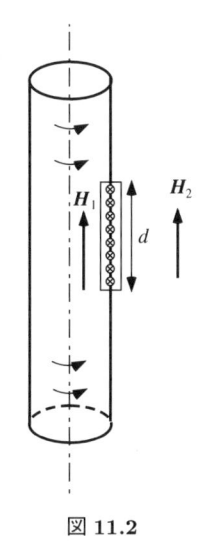

図 11.2

と書ける．これから

$$H_2 = 0 \tag{11.6}$$

したがって，ソレノイドの外部では少なくとも磁場の軸に平行な成分はゼロであることがわかった．

　次に，軸に垂直な成分が存在するかどうかを調べよう．このためには電荷についてのガウスの法則が磁荷にも適用できることに注目する．ソレノイドと軸を共通にし，かつその長さ L の部分を含む円柱を考えると，ソレノイドの軸に垂直な磁場の成分 H_r は回転対称性により，円柱の表面ではどこでも同じ大きさをもつ．ガウスの法則を磁荷に適用すると，この円柱の表面における磁場の面に垂直な成分の表面積分は，H_r に比例した値をもつであろう．ガウスの法則により，この値は円柱内の磁荷の総量に比例する．ところが，単極磁荷が存在しないのだからこの値はゼロでなければならない．よって H_r もゼロでなければならない．

　さらに，ソレノイドを取り巻くような磁場の成分 H_θ の値についても調べてみる．ソレノイド軸を中心とし，ソレノイドの半径より大きな半径をもつ円を考えて，この円周上でアンペアの法則を適用する．(9.23) を適用すると，円周に沿っての磁場の線積分は H_θ に比例する．ここで，この値がゼロでないとアンペアの法則によりこの円周を貫く電流が存在することになる．いま考えている理想的なソレノイドでは軸に平行な電流の成分はゼロであるから結局，H_θ もゼロでなければならない．現実のソレノイドでは，コイルを一方の端から他方に向かって巻いていくような場合では，軸に平行な電流成分がわずかに残るがこの影響は小さい．以上により，外部の磁場は最初に仮定したとおり軸に平行な成分しか存在しないことが結論された．

　このようにして，**無限に長いソレノイドに電流が流れていても外部の磁場がゼロであることがわかった**．

[この章の重要事項]
　1) 太さのある無限に長い直線電流による磁場はアンペアの法則を用いて計算できる．
　2) 無限に長いソレノイドによる外部の磁場がゼロであることがわかる．

問題 11.1 XY 平面内の無限に広い平面内を Y 軸の正方向に電流が流れている．（図 9.3 を参照．）電流密度を x 方向の単位長さ当り J とするとき，アンペアの法則の積分形を用いて磁場を求めよ．

第12章

インダクタンス

12.1 磁束

電荷については，コンデンサに付随して容量という量が定義された．(6.1) によれば，これは電荷を与えて電位が変化したときの比例定数の逆数のようなものであった．磁気についてこれに対応する量がインダクタンスである．

いま閉曲線に沿って電流 I が流れているとしよう．この閉曲線は電流を流すことができるという意味でしばしば**閉回路**ともよばれる．この閉回路に電流を流すと，その内部には (8.15) で定義される磁束密度が生ずる．この磁束密度ベクトルを閉曲線を辺とする曲面で表面積分したスカラー量 Φ を考えて，これを「**磁束**」とよぶことにする．磁束密度は単位面積当りの密度であるから，確かに面積分によってそのような量が定義できる．ただし磁束密度 B はベクトルであるから，積分は面の法線方向の成分についておこなう必要がある．(2.11) の定義に注意して具体的に書くと

$$\Phi = \int \boldsymbol{B}(\boldsymbol{r}) \cdot \boldsymbol{n}\, \mathrm{d}S \qquad (12.1)$$

となる．磁束 Φ の単位は磁束密度を面積で積分しているから

磁束 Φ の単位：weber

となって，**磁束の単位は磁荷の単位と同じになる．**

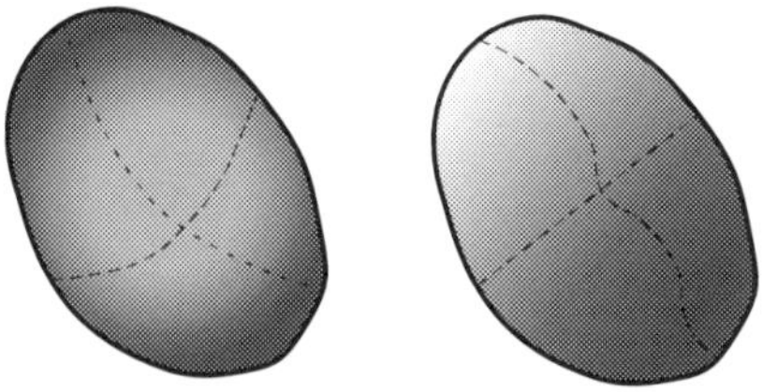

(a)　　　　　　(b)

図 **12.1**

　重要なことは，閉曲線と電流が決まってしまえば，**磁束は閉曲面のとりかたによらず決まる**ということである．だから閉曲面を図 12.1(a) のようにとろうと図 12.1(b) のようにとろうと (12.1) の表面積分は同じ値を与える．このことは，(8.4) 式にしたがって電流を等価な薄板磁石に置き換えてみれば容易に理解できるであろう．薄板磁石では磁位は観測点が見込む立体角だけで決まっていたから，周辺の閉曲線が決まりさえすればその内部の面の形状によらなかったのである．のちに (12.4) 式に示すように，磁束はベクトルポテンシャルの線積分でも表されることが証明されるから，やはり閉曲面のとりかたによらないのである．

12.2　インダクタンスの定義

　さて与えられた閉回路が生み出す B は電流 I に比例するから

$$\Phi = LI \tag{12.2}$$

という比例関係が成立し，L を「インダクタンス」とよぶ．いまの場合，閉曲線が 1 つしかないから特に「**自己インダクタンス**」とよぶ．ただし与えられた電流に対して生じた磁束を正の向きにとって L はつねに**正の量**であるように定義しよう．

　インダクタンス L の単位は (12.2) より weber/A となるが，これをしばしばヘンリー（henry）という単位で表す．すなわち

インダクタンス L の単位：weber/A または henry

図 12.2

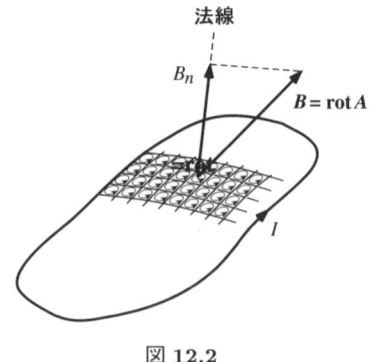

となる.しかし通常 henry という単位は大きすぎるので mH (10^{-3}H:ミリヘンリー) や μH (10^{-6}H:マイクロヘンリー) という単位がよく用いられる.

ここで,磁束をベクトルポテンシャルを用いて表すことによりインダクタンスの別の表現を導いてみよう.まず (10.32) 式

$$B = \text{rot } A$$

から出発する.磁束を求めるにはこの B をある閉曲線の内部で積分し

$$\Phi = \int B(r) \cdot n \, dS = \int (\text{rot } A) \cdot n \, dS \quad (12.3)$$

を計算すればよい.

ここで (12.3) の右辺の最後の積分は,図 12.2 のように面 S を微小な面に分割してそれぞれの値を足し合わせれば得られる.ところがこれらの微小な面についての面積分は,(10.9) および (10.19) 式で示した **rot** の定義により,この微小面積を囲む閉曲線について A を線積分したものに等しい.

このような微小領域についての線積分をすべて加えると,隣り合う辺についての線積分は打ち消すから,結局 A を S を囲む閉曲線 C に沿って線積分したものに等しくなる.したがって結局,

$$\Phi = \oint A \cdot ds \quad (12.4)$$

という重要な結果が得られるのである.この表現は線積分であるから,閉曲

線を縁とする閉曲面はどこにも現れない．だから，(12.1) のように**表面積分で表された磁束が閉曲面のとりかたによらなかった**のは当然だったのである．

なお，(12.3) の右辺が (12.4) の右辺のように変形できるのは，純粋に数学の定理であり，**ストークスの定理**とよばれる．

次に，(12.4) のなかのベクトルポテンシャル $\boldsymbol{A}$ は (10.24) にしたがって，別の積分で表すことができる．電流密度のかわりに電流そのものを用いるときは (10.25) によって $\boldsymbol{A}$ を表せばよい．これを (12.4) に代入すると

$$\varPhi = \frac{\mu_0}{4\pi} \oiint \frac{I}{r_{12}} d\boldsymbol{s}_1 \cdot d\boldsymbol{s}_2 \tag{12.5}$$

という，やや複雑な表現が得られる．なぜ複雑かというと，すでに 10.3 節で (10.24) 式のあとで述べたことと関連して，$\varPhi$ と $d\boldsymbol{s}_2$ は座標 x, y, z に関する量であり，$d\boldsymbol{s}_1$ は座標 x', y', z' に関するものだからである．距離 r_{12} はこれら両方の座標に関係している．また積分路自体は両方の変数について同じであるがそれぞれ独立な積分である．

ここで (12.5) と (12.2) を比較すると，形式的に

$$L = \frac{\mu_0}{4\pi} \oiint \frac{1}{r_{12}} d\boldsymbol{s}_1 \cdot d\boldsymbol{s}_2 \tag{12.6}$$

という自己インダクタンスにたいする表現が得られる．この式の形から，**自己インダクタンスは閉回路の幾何学的形状のみで決まる量**であることがわかる．

実は，電流に太さがない場合 (12.6) は問題を含んでいる．$d\boldsymbol{s}_1$ と $d\boldsymbol{s}_2$ とについて独立に積分をおこなうとき r_{12} がゼロになってしまう場合を含んでしまう．したがって，この場合 (12.6) は無限大に発散する．しかし現実の導体は太さがあるので，証明は省くが，発散を避けるように (12.6) を拡張することが可能である．

12.3　長いソレノイドのインダクタンス

図 12.3 のように，単位長さ当りに導線を n 回巻いてある断面積 S で長さが Z の細長いソレノイドに電流 I が流れているとしよう．このソレノイドのつくる磁束密度の大きさ B は (9.20) を参照して，$J = nI$ に注意すれば

$$B = \mu_0 n I \tag{12.7}$$

断面積=S　単位長さ当り巻数=n

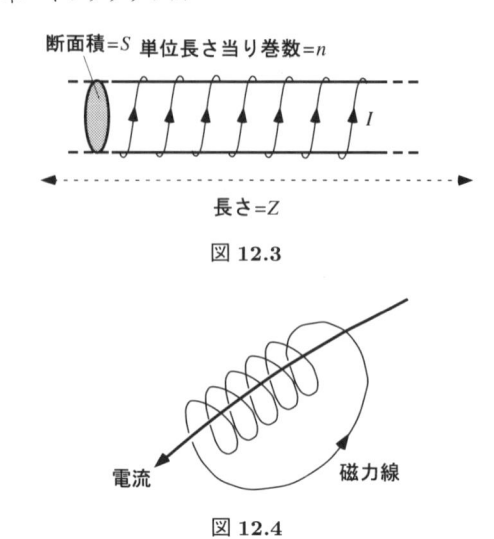

長さ=Z

図 12.3

電流　　　磁力線

図 12.4

したがって磁束 Φ は

$$\Phi = \mu_0 n I S \tag{12.8}$$

となる．しかしこれと (12.2) とをみくらべて，求めるインダクタンスを $L = \mu_0 n S$ としては間違いである．

電磁気学では局所的性質ばかりでなく大域的性質が重要である．大域的性質のうち互いの位置関係を表す性質をトポロジーというが，電磁気学ではこのトポロジーが重要となる．たとえば閉じた電流では，図 12.4 のように導線と磁力線があったとき，お互いに何回巻きついているかが重要である．当然であるが，磁力線に電流が N 回巻きついている状況は電流をのばして考えると電流に磁力線が N 回巻きついている状況とトポロジーとしては同等である．

したがって，巻きついている回数を N とすれば (12.2) は

$$N\Phi = LI \tag{12.9}$$

と書き換えねばならない．いまのソレノイドの問題では，その長さを Z とすれば巻き数は $N = nZ$ であるから，(12.8) および (12.9) から

$$L = \mu_0 Z n^2 S \tag{12.10}$$

という結果が得られる．すなわち長いソレノイドのインダクタンスの値は長さに比例し，巻き数密度の **2 乗に比例**している．

12.4 相互インダクタンス

2 つの閉曲線の導体 C_1, C_2 がある．電流 I_1 を閉曲線 C_1 に流したときに，閉曲線 C_2 を貫く磁束を Φ_2 としよう．簡単のために閉回路が磁力線を囲む回数は 1 であるとする．このとき互いの形状と位置関係が不変ならば，I_1 と Φ_2 は比例するはずで

$$\Phi_2 = L_{12} I_1 \tag{12.11}$$

という関係が成立する．この比例定数 L_{12} を C_1 の C_2 にたいする**相互インダクタンス**とよぶ．ただし，Φ_2 の符号は C_1 を貫く磁束 Φ_1 と同符号にとる．このことは，電流の向きと符号を注意深く定義すればつねに可能である．そのように定義すれば**閉回路が 2 個のときは相互インダクタンスも負にならない量に定義することがいつでも可能**である．

このような相互インダクタンスは閉曲線が 3 個以上あっても同様に定義できる．ただし，すべてを正の量に定義できるとは限らない．また，それぞれの導体が接触していない場合は，(12.5) において ds_1 は導体 C_1 の上にあり ds_2 は導体 C_2 の上にあるとすることができる．相互インダクタンスの場合 (12.5) の 2 重積分は次のように解釈できる．すなわち，C_1 に流れる電流 I_1 によるベクトルポテンシャルが ds_1 についての積分で求められ，このベクトルポテンシャルが C_2 内部につくる磁束が ds_2 についての線積分で求められるのである．閉回路 C_1 と C_2 は接触していないので，距離 r_{12} はゼロにならないから発散を心配する必要はない．よって (12.6) を拡張して相互インダクタンスとして

$$L_{12} = \frac{\mu_0}{4\pi} \oiint \frac{1}{r_{12}} ds_1 \cdot ds_2 \tag{12.12}$$

という表現が得られる．

実は上の式をみると 1 と 2 はまったく対称的である．積分の順序を逆にしても値は変わらない．したがって**相互インダクタンスの相反性**

$$L_{12} = L_{21} \tag{12.13}$$

が結論される．また (12.12) の形から，**相互インダクタンスも 2 つの閉回路の幾何学的配置のみで決まる**ことがわかる．

[この章の重要事項]

1) (12.1) の表面積分によって磁束というスカラー量が定義できる．閉曲線と電流が決まれば磁束は一意的に決まる．すなわち周辺が決まってさえいれば閉曲面のとりかたによらない．これは薄板磁石の磁位が，閉曲面のとりかたによらず観測点が見込む立体角だけで決まることに対応している．
2) (12.2) によって閉曲線のインダクタンスが定義される．これは閉曲線の幾何学的形状だけで決まる量である．
3) 磁束は (12.4) のようにベクトルポテンシャルの線積分でも表される．線積分で表されるのだから，(12.1) 式が閉曲面のとりかたによらなかったことは当然である．
4) 磁束線と閉曲線のトポロジーは重要である．もし閉曲線が磁束線に N 回巻きついていれば，インダクタンスは (12.9) 式で定義される．
5) 長いソレノイドのインダクタンスは長さに比例し，巻き数密度の 2 乗に比例する．
6) 相互インダクタンスは (12.11) で定義されるが，これは幾何学的形状と配置だけで決まる量である．相互インダクタンスの相反性 (12.13) が成立する．
7) インダクタンスの表式が 2 重積分を含む理由は，第 1 の積分で電流からベクトルポテンシャルを求め，第 2 の積分ではベクトルポテンシャルの線積分で磁束を求めているからである．

問題 12.1　ある円状の導線のインダクタンスが L であった．この円状リングの形状を変えずに，ひと続きに重ねて 2 回巻いた導線のインダクタンスを求めよ．

第13章

電磁誘導

　前章においてやや数学的な側面からインダクタンスを定義してきた．これにどのような物理的意味があるのかについて，この章で考察しよう．

　そもそもインダクタンス（inductance）という言葉は「誘導する（induce）」という言葉が語源である．したがって，なにかがなにかを誘導する現象にかかわっているのであるが，この物理現象こそ「電磁誘導」とよばれるものである．

13.1　電磁誘導の基本的描像

　導線を N 回巻いてコイルをつくり，それに永久磁石を近づけたりはなしたりすると，コイルに電流が流れることはよく知られている．これは「ファラデーの電磁誘導の法則」とよばれる．

　経験によれば，電流は磁石の動きによる磁束の変化を妨げるように流れることが知られている．すなわち磁石を近づけてコイルを貫く磁束を増やそうとすると，それを妨げて元の磁束を維持するようにコイルに電流が流れるのである．したがって，(12.9) の符号を反転したような関係が成立していそうである．そこで，(12.9) から類推して磁束が微小に変化したときそれによって誘導された電流の微小な変化の関係を導くと

$$-N\Delta\Phi = L'\Delta I \tag{13.1}$$

第 13 章 電磁誘導

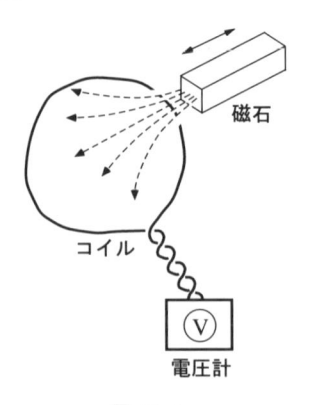

図 13.1

という関係が推定される．L' と書いたのは (12.9) の比例定数である L と同じである保障はない単なる比例定数だからである．電磁誘導では磁束を時間的に変化させて電流を変化させるから，(13.1) のかわりに

$$-\frac{N\Delta\Phi}{\Delta t} = L'\frac{\Delta I}{\Delta t}$$

という関係が成立していそうである．すなわち微分で書けば

$$-N\frac{d\Phi}{dt} = L'\frac{dI}{dt} \tag{13.2}$$

となる．ところが磁束を変化させて電流の変化を測定する実験によれば，上の L' は **(12.9)** において**直流のような変化しない電流**について**定義された**インダクタンス L と同一となることが知られている．よって (13.2) 式の L' を自己インダクタンス L と読み替えて (13.2) を電磁誘導の基本法則と考える．

この式をニュートンの運動方程式と比較してみると興味深い．もし $N\Phi$ を負の運動量だと思うと，I は速度，L は質量のようにみえる．しかし，ファラデーの法則の重要なところは (13.2) の右辺が電圧にみえるという点である．これを実験的に確かめるために，図 13.1 のようにコイルを構成する導線の両端をよじって電圧計に接続しよう．(電圧計といっても実際には十分に大きい抵抗 R と微小な電流を読みとれる電流計の組合せである．)

(13.2) の右辺を電圧（起電力といってもよい）とみなして電圧計の部分を

つけ足すと

$$-N\frac{\mathrm{d}\Phi}{\mathrm{d}t} = L\frac{\mathrm{d}I}{\mathrm{d}t} + IR \quad (13.3)$$

という関係が得られる．抵抗 R が十分大きければ右辺の第 1 項は無視できて第 2 項だけが重要となる．この関係は実験によっても確かめることができる．

またこの関係は，インダクタンスの直列接続，並列接続についての知見をも与えてくれる．すなわち (13.3) をみると，電流にかかる係数としての抵抗 R と電流の時間変化率にかかる係数としてのインダクタンス L は，単なる足し算が可能になっている．すなわちインダクタンスの直列・並列接続の場合の合成のしかたは抵抗の場合とまったく同等であることが推察される．

さて (13.2) の右辺が電圧であるとすると，それに電流 I を掛けたものは電力（仕事率）であり，さらにそれを時間 t で積分したものはその時間内のエネルギーの増減を表すはずである．そこで，電流 I が実際には時間の関数で $I(t)$ と書けることに注意し，形式的に (13.2) の右辺に I を掛けてから t で積分し，その絶対値を U_L とおくと，

$$U_L = \frac{1}{2}LI^2 = \frac{1}{2}N\Phi' I \quad (13.4)$$

となる．ここで時刻ゼロ $(t=0)$ では電流 I がゼロであることを仮定した．また右辺において Φ でなく Φ' とおいたのは，後者は (12.9) 式によって，**コイル自身が自分を流れる電流によってつくった磁束のみ**を表しており，磁石から与えた磁束と区別したからである．一方 (13.2) 式の Φ は**コイルを貫くすべての磁束**を含んでいるので独立の法則として位置づけられる．

(13.4) において，L を質量，I を速さとみなすと確かに右辺は力学的運動エネルギーのようにみえる．これが本当に磁気的なエネルギーであるかどうかを次の節で確かめてみよう．

13.2 電流による磁気エネルギー

まず自己インダクタンスとしては発散のない計算のできるものを考えよう．図 13.2 のように幅が d の薄いリボン状の導体で閉回路をつくり，これの囲む面積を S とする．このリボンに一様な電流 I が流れているとすると電流密

126 第 13 章 電磁誘導

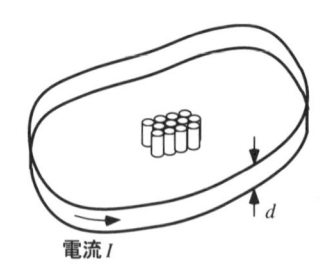

図 13.2

度は
$$J = \frac{I}{d} \tag{13.5}$$
で与えられる．次にこのようなコイルを図の中心付近のように非常に細い微小ソレノイドに分割して考える．隣り合うソレノイドの電流は打ち消しあって最外周の寄与だけが残るからこのような分割はいつでも可能である．

さて，(9.15) の結果を用いるとそれぞれの微小ソレノイドの内部の磁束密度 $\bm{B}$ の大きさ B は
$$B = \mu_0 J = \frac{\mu_0 I}{d} \tag{13.6}$$
で与えられる．したがって磁束は面積 S を掛けて
$$\Phi = S\mu_0 J = \frac{S\mu_0 I}{d} \tag{13.7}$$
となるから自己インダクタンスは
$$L = \frac{S\mu_0}{d} \tag{13.8}$$
で与えられる．

(13.8) のインダクタンスを用い，(13.4) を適用してエネルギー U_L を求めると，
$$U_L = \frac{S\mu_0 I^2}{2d} \tag{13.9}$$
となる．

このエネルギーは本来全空間に蓄えられたものである．ここで仮にこのエネルギーをリボンがつくる厚さ d の領域 (体積 Sd) のなかに押し込めたとす

ると，エネルギー密度は

$$u'_L = \frac{\mu_0 I^2}{2d^2} = \frac{\mu_0 J^2}{2} \tag{13.10}$$

と書ける．これは平行板コンデンサ内部に蓄えられた電気エネルギー密度 (5.11) と似た形をしている．平行板コンデンサでも実際には電場が外部にもわずかに漏れているのと同様に，厚さ d のソレノイドでもその外部に磁場が漏れているのであるが，それは小さいとして無視すれば (13.10) が得られるのである．電流と等価な薄い磁性体の場合にもこのようなエネルギーの閉じ込め効果がおきるが，それは 14.6 節で考察する．

[この章の重要事項]
1) ファラデーの電磁誘導の法則は (13.2) のように表されるが，右辺は電圧に相当する量である．
2) 閉曲線に電流が流れているときの磁気エネルギーは (13.4) で与えられる．
3) 磁気エネルギー密度を体積 Sd のなかに押し込めると (13.10) で与えられる．これは平行板コンデンサの電気エネルギーの場合と似た形をしている．

問題 13.1 自己インダクタンス L をもつ円状の導線が 2 個あり，軸を共有して十分に離れて（相互インダクタンス＝ 0 で）向かい合っており，それぞれ同じ向きに電流 I が流れている．この導体を近づけ相互インダクタンスが kL ($0 < k < 1$) に等しくなったとき，それぞれの導線に流れる電流を求めよ．ただし導線の抵抗は無視する．

第14章

磁性体とそのはたらき

14.1 インダクタンスの変化

　長いソレノイドのインダクタンスとそれに電流を流したときに蓄えられるエネルギーを前章で計算した．ただし，ソレノイドの内外は真空であった．ところがソレノイドの内部に鉄心やフェライトなどを挿入するとインダクタンスが増大してみえる．(13.3)式をみれば理解できるように，電流の時間的変化率と電圧の両方を測定すればインダクタンスを測定できるから，インダクタンスの増大は実験的に観測することができる．

　一方，閉回路と電流が決まっていれば(12.9)により，インダクタンスの増大は磁束の増大をも意味する．ソレノイドに鉄心を挿入したとき実際に外部の磁石が強い力を受けることは容易に経験できることであるから，確かに磁束は鉄心の挿入によって増大する．このような作用をおよぼす物質を総称して**磁性体**という．

14.2 インダクタンス増大の定量的記述

　インダクタンスまたは磁束の増大を定量的に記述するうえで最も理解しやすいのは，磁束が外部に漏れない場合である．そこで，応用上も重要なものとして図14.1(a)のようにリング状の磁性体に導線がN回巻かれたコイルを考えよう．一方で，図14.1(b)のように，磁性体を挿入しないリング状のコ

14.2 インダクタンス増大の定量的記述

図 14.1

(a) 電流密度 $n = NI/C$、等価電流密度 χn

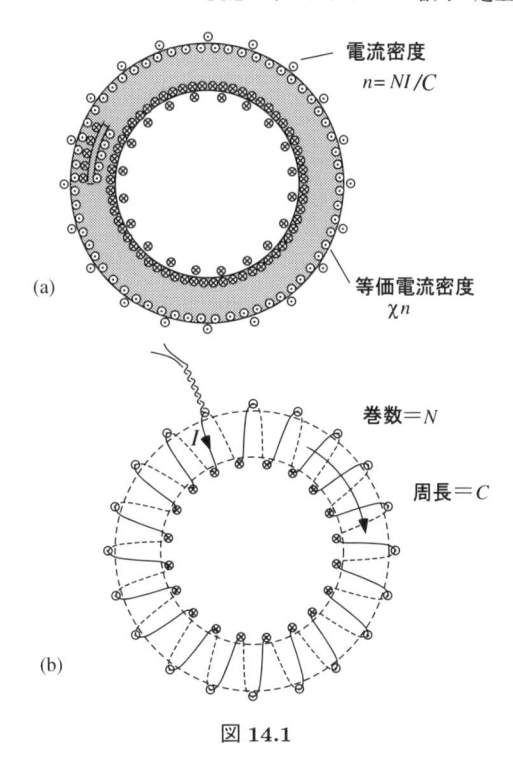

(b) 巻数 $= N$、周長 $= C$

イルも用意しておく．このとき重要なことは，磁束は磁性体外部にほとんど漏れないことである．次に，この2つについてインダクタンスを計測した結果，磁性体を挿入した場合のインダクタンスが磁性体のない場合にくらべて μ_r 倍となり，しかもこの値は電流 I によらなかったとしよう．この原因がなんであるか考察する．

まずリングの中心の円周 C に沿ってアンペアの法則の積分形 (9.23) を適用する．このなかの磁場の強さを H とし，リングの周長を C とすれば，

$$NI = CH \tag{14.1}$$

で与えられる．しがって，磁性体がなければ，

$$H = \frac{NI}{C} \tag{14.2}$$

となる．磁束密度の大きさは (8.15) より

$$B = \frac{\mu_0 N I}{C} \tag{14.3}$$

となる．次に磁性体がある場合は磁性体の断面の中心の円周に沿ってアンペアの法則を適用すればやはり (14.2) と同じ磁場を与える．しかし，インダクタンスは μ_r 倍になっているのであるから，磁束も磁束密度も μ_r 倍になっていなければならない．したがって磁束密度の大きさを B_m とおくと

$$B_m = \frac{\mu_r \mu_0 N I}{C} \tag{14.4}$$

となっていなければならない．ここでしばらくは μ_r が I によらない場合，すなわち μ_r が比例定数としての意味をもっている場合をあつかう．

(14.4) を説明するために次のように考える．磁場は外部から流した巨視的な電流によって生じているのでこの電流を「**真電流**」とよぶ．ところが磁性体があると，その表面には図のように仮想的な電流が生じて磁束密度を変化させると考えるのである．**この仮想的電流を等価電流とよぶ**．外部の巨視的電流密度を $J\,(= NI/C)$ とおき，**等価電流密度を χJ とすれば**

$$\chi = \mu_r - 1 \tag{14.5}$$

となっていればつじつまが合う．このような等価電流とその密度をそれぞれ「**磁化電流**」および「**磁荷電流密度**」とよぶことがある．また

$$\mu_r = \chi + 1 \tag{14.6}$$

となるが，μ_r を**比透磁率**とよび，χ を**磁気感受率**とよぶ．χ は「**帯磁率**」とよばれることもあるが，いずれにしても磁性体の物性にかかわる物理量である．

次に，磁化電流が生ずるにもかかわらずなぜ磁場が不変なのかを考えなくてはならない．それは磁性体中に C に沿って細い空洞をあけると，その周囲には磁性体表面と逆向きの磁化電流が現れるからである．このように逆向きの磁化電流が生ずる理由を図 14.2 に示す．図のように円周 C に垂直に切った磁性体の断面を考えると，磁化電流は微小な半径の電流に分解して考えることができ，かつ隣り合う電流は打ち消すので，最後に残る電流を考えると，空

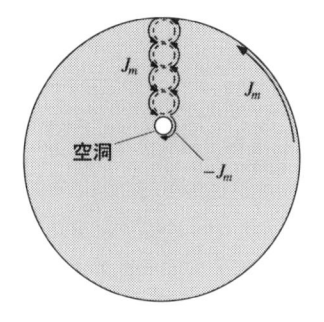

図 14.2

洞の周囲の磁化電流密度は磁性体表面の磁化電流密度を打ち消すように逆向きになるのである．したがって，円周 C について磁性体内部に空洞をつくって考える限りは，**アンペアの法則を適用すると真電流しか含まない**．この結果は，電束密度のガウスの法則が真電荷のみを含む事情とよく似ている．

ただしここで注意しなければならないのは，電気の場合は電束密度が真電荷に関係していたのにたいして，磁気の場合は磁場 H（磁束密度ではない）が真電流に関係していることである．このような，電気と磁気との一見非対称な関係は，単極磁荷が発見されていないという事情に基づいている．

14.3　磁気分極の場

6.5 節で電気分極を定義したのと同様に，どのような測定で磁気分極のベクトル場 M が定義できるか考えてみる．

本書では，**磁荷の概念を使わずに磁化電流密度のみを用いる方法**を採用する．磁性体内部のある点を含むように短くて細い空洞をつくる．この空洞の周囲に磁化電流密度が生ずるが，この磁化電流密度が空洞内部につくる磁場の大きさの**符号を反転させて** μ_0 を乗じた量を，M のこの細い空洞の向きに射影した成分 ($M \cdot n$) と定義する．3 つの互いに直交する成分を求めたい場合は，3 つの直交する細くて短い空洞をつくって独立な測定をおこなえばよい．この測定法からわかるように，分極 M は真空中ではゼロであり，また真電流の影響は受けない．

次に，磁束密度 B は以下の測定法によって定義される．

磁性体中のある点を含むように微小な薄板状空洞をあける．真空中であれば単に場所だけを指定して空洞を考える．この空洞の内部の磁場ベクトルを測定し，この空洞の**法線方向の成分**を求めて μ_0 を乗じた量を，磁束密度 B のこの空洞の法線成分 $(B \cdot n)$ と定義する．3つの互いに直交する成分を求めるには，法線が直交するように薄板状空洞をつくって独立な測定法をおこなえばよい．この測定法からわかるように**磁束密度は磁性体内部であっても外部であっても磁性体表面の磁化電流密度や真電流の影響を受ける**．

また，一様でない磁性体の場合は磁性体内部にも磁化電流が流れていてもよい．重要なことは，この方法は薄板状空洞の法線成分を測っているので，空洞のまわりの**磁化電流の影響を排除した測定法**であることである．

一方，もし磁気分極 M の向きが既知であれば，これに垂直に薄板状空洞をつくればその周囲の磁化電流の影響を無視することができる．したがってその空洞の内部の磁場ベクトルを測定すれば，法線方向へ射影することなしに，またわざわざ3種類の空洞をつくらなくても，たった1回の測定で磁束密度 B が測定できる．

以上の定義において，磁気分極も磁束密度もベクトル場である．それを明示するときは $M(r)$ および $B(r)$ と表記される．これらが定義されると磁場 H は以下の関係によって定義される．

$$\mu_0 H = B - M \tag{14.7}$$

この関係はそれぞれの場の間に比例関係がなくとも成立する一般的な関係であり，2つの場が既知であるときにもう1つの場を定義する関係式でもある．真空中では M がゼロであるから B と H はつねに比例関係にあるが，磁性体内部で (14.7) によって定義される磁場はそのような比例関係があるとは限らない．

しかし，比例関係がある場合にはその比例定数について以下の量が定義される．まず，

$$M = \chi \mu_0 H \tag{14.8}$$

という比例関係がある場合，χ を磁気感受率または帯磁率とよぶ．これは (14.5)

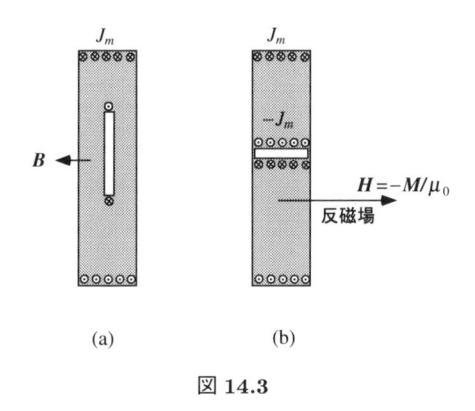

で定義されたものと同じである．これと (14.7) より

$$B = (1+\chi)\mu_0 H \tag{14.10}$$

という関係が得られるが，比透磁率 μ_r を用いて定義すれば

$$B = \mu H \quad \text{ただし} \quad \mu = \mu_r \mu_0 \tag{14.11}$$

と書くこともできる．μ はしばしばその**磁性体の透磁率**とよばれる．

14.4 薄い磁性体

　図 14.3 のように薄い磁性体を考えよう．何らかの理由で厚さ方向に磁化しているとする．分極に平行に薄い空洞をつくると，その内部の磁場から磁束密度を測定することができる．ここで表面の磁性体周辺の磁化電流密度 J_m による磁場は磁性体が薄ければ薄いほど小さくなる．したがって磁束密度 B もそれにともなって小さくなる．一方，細い空洞を磁化の方向に開けたときは磁性体の厚さに関係なく空洞周囲の磁化電流密度 $-J_m$ による磁場が生じ，大きな磁気分極 M が図 14.3(b) のように生じていることがわかる．B が小さくて M が大きいということは，(14.7) により，M を打ち消す磁場 $\mu_0 H$ が非常に大きいことを意味する．このことは，この場所に $-M/\mu_0$ という磁場が生じているのと同等である．この磁場は**反磁場**とよばれる．**厚さ方向に磁化した磁性体は薄くなるほど反磁場の影響を強く受ける**ことになる．

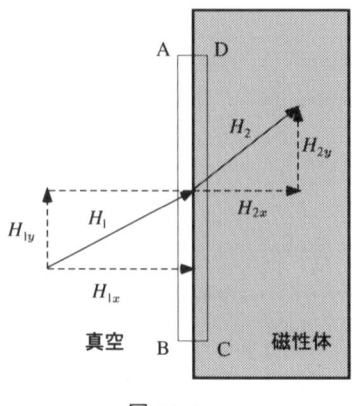

図 14.4

14.5 磁性体の境界

電気の場合には誘電体と真空との境界で，電場や電束密度が満たすべき条件があった．それによると電場は境界面に沿った成分が連続であり，電束密度は境界面に垂直な成分が連続であった．同様な関係は磁性体の境界面についても成立することが予想される．まず磁束密度は空洞周辺の磁化電流の影響を受けないように定義されていた．また境界面に磁化電流が流れたとしても，この電流は境界に平行な磁場の成分に寄与するだけであるから，境界の近傍では境界に垂直な磁束密度には寄与しない．薄板状空洞を境界面に平行にあけると仮定すると，結局，**磁束密度 B の境界に垂直な成分は磁性体の内外で連続**であると結論されるのである．

次に磁場 H を考えてみるために，図 14.4 のように境界付近に閉曲線 ABCD をつくりアンペアの法則を適用する．境界面に真電流が存在しないから，この閉曲線に沿った磁場の線積分 (9.23) はゼロである．このことは，磁場の表面に平行な成分が連続，すなわち $H_{1y} = H_{2y}$ であることを意味する．すなわち，**磁場 H の境界面に平行な成分は磁性体の内外で連続**であると結論される．

以上の境界条件は磁場と磁束密度の比例関係がなくても成立する．一例と

14.6 磁性体の永久分極　135

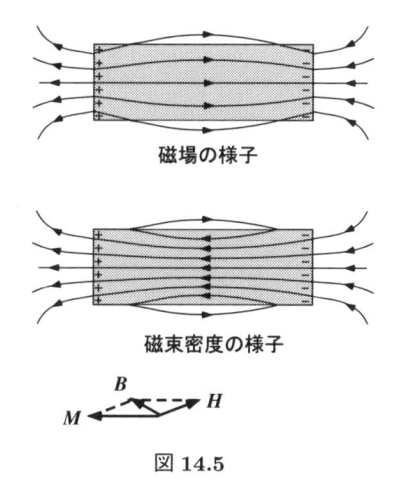

図 14.5

して細長い永久磁石の磁場 H と磁束密度 B の様子を図 14.5 に示す．ここで，永久磁石の内部で磁場 H と磁束密度 B が逆に傾く理由をベクトルの合成で示す．なお，みかけ上の磁荷を $+$（N 極）と $-$（S 極）で表した．

14.6　磁性体の永久分極

磁化電流が外場をつくる真電流に比例しない場合を考える．このとき (14.7) の関係は 3 種類の場の関係の定義であるから成立している．特に真電流密度 J_t がゼロであるのに J_m がゼロでないとき，その磁性体は永久分極しているという．しかしこの場合でも，磁性体の形を与えただけで B と H さらに M が決まるわけではない．比例定数とは別にこの磁性体の磁場と磁束密度の関係が与えられないとこれらの場の量は決まらない．

次に，誘電体の場合の類推で，インダクタンスの概念を使わずに磁気的エネルギーを見積もってみよう．誘電体についてのエネルギーの式 (6.19) を磁気の場合に読み替えて，磁気エネルギー密度 u'_m を

$$u'_m(\boldsymbol{r}) = \frac{1}{2} \boldsymbol{B}(\boldsymbol{r}) \cdot \boldsymbol{H}(\boldsymbol{r}) \tag{14.12}$$

と書くことができる．これを全空間で体積積分すれば全体の磁気エネルギーが得られる．一方，14.4 節で述べたような永久分極した薄い磁性体（永久磁

石)の場合，反磁場が大きいので内部の磁場にくらべて外部の磁場は非常に小さい．したがって (14.12) の右辺では磁性体内部だけを考えてよい．上のエネルギーのうち，磁化電流によるものは $u_m = \bm{M} \cdot \bm{H}/2$ である．分極 $\bm{M}$ を電流 I で置き換えると，$M = \mu_0(I/d)$ かつ $H = (I/d)$ であるから，確かに，リボンを流れる電流によるエネルギーを厚さ d の領域に閉じこめた場合のエネルギー (13.10) と同じ磁気エネルギーが得られる．すなわち**薄い磁性体が面に垂直に磁化しているとき，磁化による磁気エネルギーはほとんどその内部に蓄えられている**のである．この事情は，平行版コンデンサに蓄えられる電気エネルギーがほとんど極板間に蓄えられるのと似ている．

14.7 磁性体があるときのアンペアの法則

アンペアの法則の積分形 (9.23) は**磁場の線積分**であるが，真電流のみを含むから磁性体があっても成立する．しかし後に述べる電磁誘導などでは磁束密度が観測量であるから，磁束密度を含む式に変形してみる．そのためにはアンペアの法則を磁束密度の線積分で表したいが，そうすると真電流だけでなく磁化電流（等価電流）まで含めて考えねばならない．しかし一般にこの方法は煩雑であるのでここでは別のやり方を考える．そこで磁束密度を μ で割って磁場に換算して考える．(厳密には $\bm{H}$ と $\bm{B}$ は平行であるとは限らないが，これがよい近似であることは後にわかる.) すなわち，磁性体中でも真空中でも

$$\bm{H} = \frac{\bm{B}}{\mu} \tag{14.13}$$

であると考える．真空中では $\mu = \mu_0$ とおけばよい．そうすると以下のような，磁束密度についてのアンペアの法則が導ける．

$$I_t = \int \frac{\bm{B} \cdot \mathrm{d}\bm{s}}{\mu} \tag{14.14}$$

ここで，μ がどんな値になるかは物質に依存するし，場合によっては真電流との比例関係が成立していないかもしれない．しかし，磁場と磁束密度の比例関係がなくとも，現に観測される磁束密度 $\bm{B}$ と磁場 $\bm{H}$ との比 $\mu = \mu_r \mu_0$ を (14.11) によって形式的に求めることはできる．したがって，**近似的に (14.14) を磁性体のあるときのアンペアの法則とみなすことができる**．また一般に μ

図 14.6

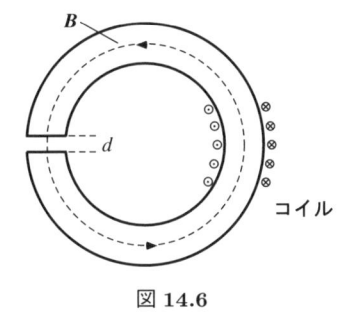

が s の関数であることが重要である．すなわち多くの場合，磁性体の内部で μ は非常に大きく被積分関数小さくなるから，H と B が平行かどうかはあまり重要でないのである．

磁束密度は磁性体の内部と外部では，境界に垂直な成分は連続であった．このため，磁性体を含むときの電磁石の設計には (14.14) 式が有用である．

14.8　電磁石の原理

次に，図 14.6 のように磁性体のリングに切れ目を入れた電磁石を考える．ここで切れ目の幅 d は磁性体の断面の大きさにくらべて十分に小さいとする．(14.14) を用いて問題を考察してみよう．

まず，**磁束密度の境界面に垂直な成分は連続**であったから，d が磁性体の断面の大きさにくらべて十分に小さければ，磁束密度は切れ目から少し離れた場所と変わりがないはずである．また，リングの断面積が一定で磁束が外部に漏れていないとすると，円周に沿って一様な磁束密度 B が発生していると仮定できる．ところが，磁場 H は磁性体の内部と外部（切れ目）では異なるはずであって，それを考慮したのが (14.14) であった．(14.14) の被積分関数は，磁性体の内部では（ベクトルの大きさのみを考えて）

$$H_1 = \frac{B}{\mu} \tag{14.15}$$

であり，外部（切れ目のなか）では

$$H_2 = \frac{B}{\mu_0} \tag{14.16}$$

である．したがって (14.14) の形のアンペアの法則を適用すると

$$I_t = H_1(C-d) + H_2 d$$
$$= B\left(\frac{C-d}{\mu} + \frac{d}{\mu_0}\right) \quad (14.17)$$

となる．(14.17) においてもし μ が μ_0 にくらべて非常に大きく第 2 項にくらべて第 1 項が無視できるなら

$$B \fallingdotseq \frac{\mu_0 I_t}{d} \quad \textbf{(14.18)}$$

という結果が得られる．これは電磁石を設計するときに基本となる公式である．ここで I_t はコイルに流す電流 I と巻き数 N との積で，しばしば（アンペア・ターン）という単位でよばれる．また，ここで考察した電磁石は C 字の形をしているので **C 型電磁石**とよばれることがある．

実は，(14.17) の第 1 項が無視できるときは，磁性体内部の線積分はあまり寄与しないから，その内部の磁束密度が一様である必要もないことがわかる．したがって，実際の C 型電磁石では，磁性体の断面は必ずしも一様でないことが多い．

[この章の重要事項]
1) アンペアの法則は真電流のみを含む．
2) リング型磁性体によるインダクタンスの増大は，磁性体表面に生じた等価電流密度による．この等価電流密度により，磁性体がないときにくらべて，磁束密度が増大する．しかし，アンペアの法則に含まれる磁場は増大しない．
3) 磁化ベクトル M は，磁性体中に磁化の向きに平行にあけた細長い空洞の周りの等価電流密度による磁場に $-\mu_0$ を乗じた大きさをもつ．M の向きはこの値が最大になるような空洞の向きを探すことによって決定できる．
4) 磁束密度 B は，磁性体中にベクトル B に垂直に薄板状空洞をつくったときその内部の磁場に μ_0 を乗じた大きさをもつ．M の向きが既知であるとき，B の向きは，M に垂直に薄板状空洞をあけたときの内部の磁場の向きである．

5) 磁場，磁気分極，磁束密度はそれぞれベクトル場であるが，それらの間には (14.7) の関係がある．特に磁束密度が磁場に比例しているとき，その比例定数を透磁率という．
6) 薄い磁性体を厚さ方向に磁化させると，大きな反磁場が生ずる．
7) 磁性体の境界では，境界面に平行な磁場の成分は連続である．また境界面に垂直な磁束密度の成分は連続である．
8) 磁性体があるときの磁気エネルギー密度は (14.12) で与えられる．
9) 磁性体があるときのアンペアの法則は近似的に (14.14) で表される．これを用いて C 型電磁石による磁束密度は近似的に (14.18) で与えられる．

問題 14.1 比透磁率 μ_r の磁性体と真空との境界で，磁束密度ベクトルの屈折を考察せよ．すなわち磁性体の内外において，磁束密度ベクトルと境界面の法線とのなす角をそれぞれ θ_1, θ_2 とするとき，それらの間の関係を求めよ．

問題 14.2 永久磁石の内部では磁場ベクトルの向きが磁束密度ベクトルと逆向きであることが多い．このことは (14.12) 式によれば磁性体内部の磁気エネルギーが負になってしまうことを意味するから，等価電流で置き換えた場合つねにエネルギーが正になることと矛盾するようにみえる．この問題を正しく考察せよ．

第15章

ローレンツ力

15.1 ローレンツ力の定義

経験によれば,電場 E と磁束密度 B の存在する真空中を速度 v で運動する荷電粒子にはたらく力 f は

$$f = qE + qv \times B \qquad (15.1)$$

で与えられる.ただし q は荷電粒子の電荷である.この式の第 1 項の電場による力はすでに狭い意味の電磁気学に含まれているものである.第 2 項は本章の主題で「**磁場によるローレンツ力**」とよばれるものである.もし電場がなければ,力 f は v と B の両方に直交していることがわかる.広い意味では右辺全体が「ローレンツ力」とよばれる.

ところで,荷電粒子が運動すると巨視的には電流と同等の作用をすることが期待される.もしそうならばこの荷電粒子は自らも磁束密度をつくりだすことができる.しかし (15.1) の B にはそのような**自分自身のつくりだす磁束密度を含めてはならない**.あくまでも外部から与えられた磁束密度である.

一方,巨視的な電磁気学では,電流が自分自身のつくった磁場から力を受けてしまうようにみえる結果が導かれる.このことを次節で検討しよう.

15.2 電流により閉回路にはたらく力

インダクタンス L の閉回路に電流 I が流れているとき（抵抗はゼロで電源は接続されていないとする）の磁気エネルギーは (13.4) より

$$U = \frac{1}{2}LI^2 \tag{15.2}$$

であった．また磁束は (12.9) によって表された．すなわち

$$N\Delta\Phi = LI \tag{15.3}$$

電流にはたらく力とはいまの例では閉回路にはたらく力に置き換えられる．ここでもし閉回路の形状が変われば自己インダクタンス L が変わることに注目する．

まず (15.2) および (15.3) の左辺の微小変化を，電流とインダクタンスの微小変化で表すと，

$$\Delta U = \frac{1}{2}\Delta L I^2 + LI\Delta I \tag{15.4}$$

$$N\Delta\Phi = \Delta L I + L\Delta I \tag{15.5}$$

となる．ここで，閉回路の形状を変化させると L は変化するが，磁束 Φ は変化しないことに注意する．なぜならば，もし磁束が変化すれば起電力を発生するので，仮にこの閉回路がどこかで切れていればその両端に電圧が発生する．閉回路とはとはその切れたところに抵抗ゼロの導体をつないだのと同等だから，そこには無限大の電流が流れてしまうという矛盾がおきる．したがって磁束は変化しない．

したがって，(15.5) の左辺がゼロとなり

$$I\Delta L = -L\Delta I \tag{15.6}$$

となる．(15.4) と (15.6) から ΔI を消去して

$$\Delta U = -\frac{1}{2}\Delta L I^2 \tag{15.7}$$

という関係が得られる．この式は，インダクタンスが増大すると，磁気エネルギーが減少することを意味する．

ところで，力学では物体が変形してエネルギーが変化する場合は，エネルギーが減少するような変形をおこすように力がはたらく．したがっていまの場合は**インダクタンスが増大するように**閉回路に力がはたらくのである．具体的に考えると閉回路は面積が最大になるように，すなわち円になるように力を受けるのである．実際，すでに円形になっているコイルに大電流を流すとさらに面積を増大させようとする力がはたらきついには導体が断線してしまうほどである．このような断線がおきるのは**閉回路と電流は一体であり電流に力がはたらくことと閉回路に力がはたらくことは同等だからである**．

以上のように，電流が流れているとき電流自身がつくりだした磁束密度によって電流自身が力を受けることがわかった．これはローレンツ力と本質的に異なっている点である．もちろん，巨視的な電流をミクロにみると非常に多数の電荷が動いている．したがって，ある電荷からみれば自分以外の他の電荷がつくる磁束密度によって力を受けていると解釈することもできよう．しかし，巨視的な量をあつかう本来の電磁気学では電流も巨視的であるので，あたかも**自分自身のつくる場で力を受ける**かのようにみえるのである．

実際，18章で電磁気の単位に関連して述べるように，1 アンペアという電流は無限に長い 2 本の平行な直線電流にはたらく力によって定義される．無限に長い直線電流は独立な 2 つの電流のようにみえるが，電流が閉じていると解釈すると，同じ電流が往復していると考えることもできる．

15.3 サイクロトロン運動

ローレンツ力の応用として最も重要なものは，一様な磁束密度のなかにおける荷電粒子の運動である．この運動を求めるためにはもちろんニュートンの運動方程式が必要である．まず，(15.1) において，電場はなく Z 軸方向に一様な磁場密度 B があったとしよう．電荷 q をもつ荷電粒子が XY 面内で速度 v をもっていたとすると，図 15.1 のように v と B の両方に直交する方向に力がはたらく．

重要なことは，力がつねに v に垂直であるので v の大きさは磁場のなかで変化しないということである．言い換えれば，荷電粒子の運動エネルギーは一定となり，荷電粒子は磁場とのあいだでエネルギーのやりとりをしない．

15.3 サイクロトロン運動

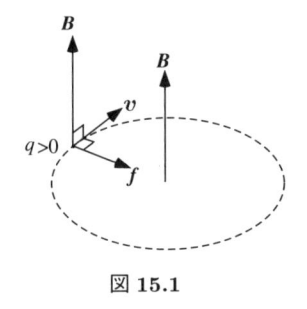

図 15.1

(15.1) により，v が変化しなければ一様な磁場中ではローレンツ力 f の大きさは一定である．

実際の運動を求めるためにはこの荷電粒子の質量を指定せねばならない．これを m としよう．力 f の大きさが一定でありかつ v に垂直であることから，この荷電粒子の運動は円運動になることが予想されるが，これを実際に確かめてみよう．(15.1) において $\boldsymbol{B} = (0, 0, B), \boldsymbol{v} = (v_x, v_y, 0)$ とおけるので，運動方程式は

$$m\frac{dv_x}{dt} = qv_y B \tag{15.8}$$

$$m\frac{dv_y}{dt} = -qv_x B \tag{15.9}$$

となる．(15.8) の両辺を t で微分して (15.9) より dv_y/dt を求めて代入すると

$$m\frac{d^2 v_x}{dt^2} = q\left(-\frac{qv_x B}{m}\right) B \tag{15.10}$$

これは v_x についての調和振動の運動方程式である．この解は

$$v_x = v_0 \sin(\omega t + \delta) \tag{15.11}$$

と書ける．ただし

$$\omega = \frac{qB}{m} \tag{15.12}$$

は「**サイクロトロン角振動数**」とよばれる．これには v_0 が含まれていない，すなわち**電荷と質量の比と磁束密度**しか含まれていないことが重要である．

(15.11) は v_0 と δ という任意定数が含まれているが，これは (15.10) が時間 t についての 2 階の微分方程式であることからきている．この定数は $t = 0$ で $\boldsymbol{v}$ がどのようなベクトルであったかを指定すれば決まるものである．

一方 v_y は (15.11) を (15.8) に代入することにより

$$v_y = v_0 \cos(\omega t + \delta) \tag{15.13}$$

と求められる. $\boldsymbol{v}$ の大きさを v とすれば

$$v = (v_x^2 + v_y^2)^{1/2} = v_0 \tag{15.14}$$

とならねばならないことは明らかであろう. (15.11) と (15.13) により荷電粒子の運動は円運動であることがわかる. この円運動は**サイクロトロン運動**とよばれる.

(15.11) を時間で積分すると任意定数を別にして

$$x = -\frac{mv_0}{qB}\cos(\omega t + \delta) \tag{15.15}$$

となるから, サイクロトロン運動の半径は

$$R_c = \frac{mv_0}{qB} \tag{15.16}$$

で与えられることがわかる.

(15.12) および (15.16) は加速器物理学において重要な公式である. ただし粒子の速さが光の速さと同程度になる場合は, 相対論の効果のために m が荷電粒子の静止質量 m_0 よりみかけ上重くなってみえることに注意しなければならない. 結果だけ示すと, c を真空中の光の速さとして

$$\frac{m}{m_0} = \frac{1}{\sqrt{1 - \frac{v^2}{c^2}}} \tag{15.17}$$

というファクターだけ重くなってみえる.

[この章の重要事項]
1) ローレンツ力は巨視的な電磁気学の外部でミクロな対象について成立する法則である. しかしこの法則から巨視的な電気力学をつくることができる.
2) 閉回路に電流が流れているとき, インダクタンスが増大する方向に閉回路自身が力を受ける.

3) 閉回路と電流は一体であり，電流が力を受ければ閉回路も同じ力を受ける．
4) インダクタンスと磁束から磁気エネルギーを与えて閉回路にはたらく力を考える場合は，電流が自分自身から力を受けているようにみえる．これに対し，ローレンツ力に現れる磁束密度は自分自身のつくった磁束密度は含まれない．
5) 一様な磁束密度のなかを荷電粒子がローレンツ力を受けると，サイクロトロン運動とよばれる円運動をおこなう．このときの角振動数は (15.12) で与えられ，半径は (15.16) で与えられる．

問題 15.1 閉回路に定電流電源が接続されており一定の電流が流れている場合も，閉回路はインダクタンスが増大する方向に力を受けることを示せ．

第16章

巨視的な電気力学

15.1 節において,ミクロな立場からのローレンツの力を説明し,15.2 節においては,巨視的な立場から閉回路にはたらく力を考察した.これらは一応独立な法則であるが,一般に時間的に変化する電流にたいしてはたらく力を考察するにはこれらを結びつけるなんらかの法則が必要である.このような法則が発見できれば,すべて巨視的な電磁気学の範囲で巨視的力学の理論体系ができあがることになる.これについて考察しよう.

16.1 フレミングの左手の法則

経験によれば,磁束密度 B のなかにある電流 I の微小部分 Δs にたいして次のような力 ΔF がはたらく.

$$\Delta F = I\Delta s \times B \tag{16.1}$$

これは,力を親指,電流を中指,磁束密度を人差し指の方向と考えて「フレミングの左手の法則」とよばれている.フレミングによって定式化されたこの法則がローレンツ力とどのような関係にあるか調べよう.いますべての電荷が速度 v で動いているとし,時間 Δt のあいだに Δs だけ進むとすると

$$\Delta s = v\Delta t \tag{16.2}$$

とおく．これを (16.1) に代入すると

$$\Delta F = vI\Delta t \times B \tag{16.3}$$

となるが，電流に時間を掛けるとそのあいだに通過した電荷の総量 Δne に等しくなるので (16.3) は

$$\Delta F = \Delta nev \times B \tag{16.4}$$

と書き直せる．これと (15.1) と比較すると，一見ローレンツ力の形によく似ていることがわかる．しかしここで考えているのはあくまでも巨視的な電流であって，個々の電荷にはたらく力ではないので，ローレンツ力とは区別される．

ところが，導体の内部における電荷の運動は実際には非常に複雑で，決して一様な速度で動いてはいない．超伝導体の場合を別にすれば，導体内の電子はイオンによって散乱されながら不規則な運動をしており，平均的にある速度 $\langle v \rangle$ で一方向に運動しているとみなせるにすぎない．したがって (16.2) は

$$\Delta s = \langle v \rangle \Delta t \tag{16.5}$$

と書き直して考えねばならない．そうするとこのような電流にはたらく力も，乱雑なものをベクトル的に平均したもの $\Delta \langle F \rangle$ でなくてはならない．したがって (16.4) も

$$\Delta \langle F \rangle = \Delta ne \langle v \rangle \times B \tag{16.6}$$

と書かねばならない．

さらにこのような力は，**電流にはたらくだけでなく電流を担う導体にも**はたらくように観測されるのがローレンツ力にみられなかった新しい重要な特徴である．すでに 15.2 節において，力の作用にたいしては閉回路と電流が一体であることを述べた．すなわち多くの場合，物質中の電流を担う電子にたいしてのみ力が作用しているのに，みかけ上はイオンを含めた導体全体に力がはたらくように観測されるのである．

16.2 電流間にはたらく力

図 16.1 のように,ある太さの電流を細かくわけて距離 d だけはなれた 2 つの微小な電流の間の相互作用を考えよう.それぞれ ΔI なる電流が同じ方向に流れているとすると,一方が他方のところにつくる磁束密度の大きさ B は,(9.5) を用いて

$$B = \frac{\mu_0 \Delta I}{2\pi d} \tag{16.7}$$

で与えられる.B をベクトルになおして考えたときの向きは図 16.1 に示すようにそれぞれの電流のところで逆向きである.そうすると (16.6) により互いに引き合う力が生ずる.

しかし,見方を変えて太い電流を 1 つの電流とみなせばこの電流は,**自分自身のつくった磁束密度によって力を受けるようにみえる**のである.ミクロなローレンツ力では外場としての磁束密度から力を受けるのにたいして,自分のつくった場と相互作用するようにみえることは,物事を巨視的にみたからに他ならない.

もう 1 つの例として図 16.2 のように互いに平行から少しずれている 2 本の電流の間にはたらく力を考えよう.図 16.1 の場合から類推すると,少し向きのずれた力 f_1,f_2 が図のように生ずるであろう.問題は,ある電流の微小な要素を図のように 2 カ所だけ考えて (16.6) を機械的に適用して力を考えると,作用反作用の法則が成立していないようにみえることである.作用反作

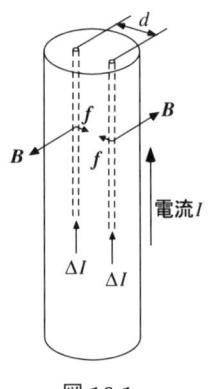

図 16.1

図 16.2

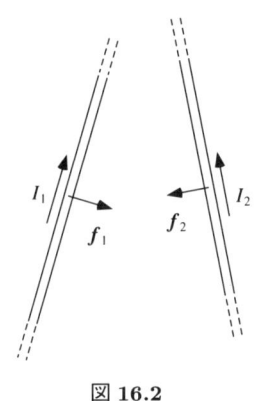

図 16.3 （$q=\lambda h$, v, B, h, 起電力 V）

用の法則が成立していないと，たとえ内力であっても重心が動いてしまうことがありうる．しかし，力学の法則は，はじめに物体の重心が静止していたとき，物体内部に内力がはたらいても重心が静止したままであることを教えている．**電磁気学の法則といえども力学の法則に反してはならない**．実際には，2本の電流についてすべての微小要素にはたらくすべての力を合成して考えると作用反作用の法則は成立している．すなわち，2本の導線の重心は動かず，**全体として作用反作用の法則が成立する**．このことから，電流の微小部分だけを考えて作用反作用の法則を適用してはいけないことがわかる．

16.3 発電器の原理

導体を磁束密度 B のなかで動かしたときに導体に発生する起電力について考察しよう．もちろんこのとき，自由に動ける電荷は導体の内部に束縛されている．

図 16.3 は導体と，それに垂直に動かす速度 v と，それら両方に直行する磁束密度 B を示した．導体の内部には自由に動ける電荷があるが，それを単位長さ当りの電荷密度 λ で表そう．そうすると長さ h の部分の電荷 q は

$$q = \lambda h \tag{16.8}$$

である．この電荷は導体を速度 v で動かすことによりローレンツ力 f を受ける．すなわち

$$\boldsymbol{f} = q\boldsymbol{v} \times \boldsymbol{B} \tag{16.9}$$

この力はあたかも大きさ $E = vB$ の電場が電荷 q にはたらいているようにみえる．この力に逆らって電荷 q をゆっくりと h だけ動かしたとするとこれに要する仕事は $fh = hqvB$ である．この仕事は次のような電位 V による力に逆らって電荷 q を動かした仕事に等しい．

$$V = hE = hvB \tag{16.10}$$

したがって，エネルギーの観点からは，あたかも起電力 V が生じているのと同等である．この起電力は実験によっても観測されるから，1 つの独立な巨視的な法則である．

導体の抵抗にくらべて非常に大きな抵抗を接続して電圧を測定すれば (16.10) の起電力に相当する電圧を測定したことになる．ここで符号について注意しておく．導体の外からみてこの導体を電源とみなすと，電荷を正とすればこの電荷が流れ出てくるほうが電位は正である．電流が流れないときは (16.10) で与えられる電位が (16.9) の力と逆向きの力を与えており，電荷にはたらく合力がゼロになっている．したがって (16.10) に対応した電圧も正電荷が流れ出てくるほうが高くなるように定義しなければならない．

さて式 (16.10) の右辺に適当な微小時間 Δt を掛けると

$$hvB\Delta t = \Delta\Phi \tag{16.11}$$

となる．なぜならば，$hv\Delta t$ は長さ h の部分がそれに垂直に $v\Delta t$ だけ動いたときにつくる領域の面積に等しく，それに磁束密度を掛ければその領域内の磁束 $\Delta\Phi$ になるからである．

16.3 発電器の原理

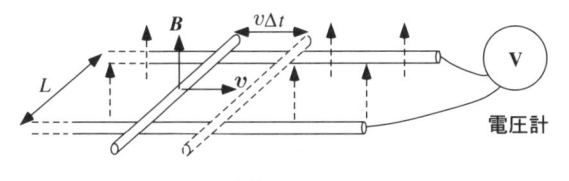

図 16.4

以上により (16.11) は

$$hvB = \frac{\Delta \Phi}{\Delta t} \tag{16.12}$$

と書き換えられるから，これと (16.10) より

$$V = \frac{d\Phi}{dt} \tag{16.13}$$

という関係が得られる．

この結果をインダクタンスに関する電磁誘導の式 (13.2) と比較してみると興味深い．(13.2) 式の右辺は閉回路に発生する電圧であったから，(16.13) は (13.2) と非常に似ていることがわかるであろう．だが，(13.2) は閉回路全体にたいして意味のある関係式である．一方 (16.13) はインダクタンスという概念を使わずにローレンツ力からだけ導いたものであるので，**導体の一部についても成立する**．したがって，磁束密度のなかで導体の一部のみが移動するようなときでも，その移動によって導体が横切る面積の時間変化率を求めれば (16.13) によって起電力を計算できるのである．もちろん重要な前提として，電荷は導体の内部に束縛されているという条件があったことを忘れないようにしよう．

図 16.4 は一様な磁束密度のなかにおかれた導体の一部が動いて起電力を生ずる例である．幅 L だけ隔てた 2 本の静止した導体のレールの上に，これに沿って動くことのできる導体の細い棒がある．磁束密度 B は図のようにレールのつくる面に垂直にあるとしよう．この導体の棒を図のように一定の速度 v でレールに平行に動かしたとする．この導体の動きにより時間 Δt のあいだにつくられた面積 S は

$$S = Lv\Delta t \tag{16.14}$$

したがって，そのなかの磁束 $\Delta\Phi$ は

$$\Delta\Phi = BS = BLv\Delta t \tag{16.15}$$

これに (16.13) を適用して

$$V = BLv \tag{16.16}$$

という起電力（電圧）が得られる．ここで起電力の符号はベクトル積 ($v \times B$) の方向であることに注意しよう．

すなわち，(16.10) は，フレミングの左手の法則と同様に，B を磁束密度（人差し指），v を導線に直角に与える外力の方向（親指），V を起電力によって流れる電流の方向（中指）と対応づけると，ちょうど右手の関係になっているのである．したがって，この法則は「**フレミングの右手の法則**」とよばれることもある．同じローレンツ力を用いながら左手が右手に入れ替わった理由は，右手の法則では，(16.9) の v が外力に相当し，f が電流に相当していて，役割が入れ替わったからである．

以上のことからわかるのは，磁束密度のあるところで導線に電流を流した結果，**左手の法則にしたがってこの導線が動いたとすると，この動きによって右手の法則により導線に誘導される起電力ははじめの電流の方向と逆になる**，ということである．

また，磁束密度のあるところで導線に外力を与えて右手の法則により電流が流れたとすると，この電流によって左手の法則により導線が受ける電磁力の向きは，はじめの外力の向きと逆になる．外力を手で与えたとすると手は反発力を感ずることになる．また，この逆向きの電流は，はじめの電流を与えた電源を充電することができるから，導線の運動はエネルギーを生成したことになる．**磁束密度のあるところで外力によって導線を動かして電流を発生させ電源を充電するのが発電器の原理**である．この過程では外力による力学的エネルギーが電気的エネルギーに変換される．

16.4 電磁ブレーキ

フレミングの右手の法則によって生じた電流をほかのエネルギーとして蓄えたり発散したりすれば，この導線の動きには制動力（ブレーキ）がはたら

く．現象的には，電流によってフレミングの左手の法則により逆向きの力がはたらくから制動力になるのである．外力はこの力に逆らって力学的な仕事をするから，そのぶんだけ，電流は外部の抵抗でジュール熱を発生したり，電池を充電してエネルギーを蓄えたりすることが可能になるので，**全エネルギー（力学的エネルギー，熱，電気エネルギーなどの総和）は保存される**．もちろん，図 16.4 において電圧計の内部抵抗が無限大ならば導線を動かしても電流は流れないから，制動力は生じない．

また，この制動力は電流だけでなく電流を担う導体全体にはたらくから，導体を巻きつけたモーターの回転部分にたいするブレーキとしても作用する．一般に，このような制動力を利用したブレーキを**電磁ブレーキ**という．

ところで，通常，磁場のなかで動かされる導体は電気的に中性である．すなわち正電荷をもつイオンは導体と一体となって位置が固定されており，伝導電子とよばれる電子は導体内部を自由に動くことができる．そうすると，フレミングの右手の法則はイオンと伝導電子の両方にはたらかなければならない．しかし実際にはイオンを含む導線が伝導電子と逆方向に動くことはない．この理由を考えてみよう．

もし磁場中を動く物体が導体でなく誘電体だとすると，イオンと電子の両方に力がはたらき，その結果この誘電体は分極する．この分極は，ミクロにみると，(16.10) 式中の電場（(16.16) 式の起電力を L で割った大きさをもつ）による外力と電荷の変位を元にもどそうとする復元力とがつりあったところで落ち着くであろう．したがって電流が流れ続けることは決してない．導体の場合に電流が流れ続けることができるのは伝導電子が回路の一方の部分から供給され，回路のもう一方が伝導電子を吸い込むことができるからである．このように**電荷の供給と吸い込みが自由におこなえることが電流を流せる条件**である．

ところが，超伝導体でない限り，通常の導体では必ず電気抵抗がある．このことは，導体内の自由電子が正イオンによって散乱されながら移動していることを意味する．したがって正イオンは伝導電子の平均的な流れと同じ方向に力を受けるはずである．正イオンは反作用で動こうとするが，隣りの正イオンに阻まれて自由に動くことができず，自分自身も隣りの正イオンも振動しはじめる．すなわち伝導電子の運動エネルギーは正イオンの振動エネ

ギーに変換され，これは最終的には熱エネルギーになる．これは空気中に音波が伝搬するとき空気自身が流れないのと状況が似ている．正イオンの振動が伝搬することはあっても，導体中の正イオンが一斉に一方向に動き出すことはおこらないのである．

[この章の重要事項]

1) フレミングの左手の法則はローレンツ力の表現と似ているが，独立な巨視的法則である．特に，電荷だけでなく電荷を担う導体にも力が作用することがローレンツ力にはなかった新しい特徴である．

2) 2つの電流間にはたらく力は電流の一部を考えると作用反作用の法則が成立しない．しかしそれぞれの電流の全体にはたらく力については作用反作用の法則が成立するので，力学の法則と矛盾しない．

3) フレミングの右手の法則はローレンツ力を巨視的に考えることにより導くことができる．また，電磁誘導の法則 (13.2) が閉回路全体でなく回路の一部についても成立すると仮定しても導くことができる．

4) (16.10) で与えられる起電力は外部に大きな抵抗を接続してほとんど電流を流さない状況で測定することができる．もし電流が流れると左手の法則が作用する．

5) 導体を動かしてフレミングの右手の法則により起電力が生じても電流が流れなければ制動力ははたらかない．しかし電流が流れると，フレミングの左手の法則により逆向きの力がはたらく結果，制動力が生ずる．この制動力を利用したブレーキを電磁ブレーキという．

6) この制動力に逆らって外力がなした力学的な仕事は，発生した電流により，熱エネルギーや電気エネルギーに変換される．

7) この制動力は自由に動ける電荷（電流を担う実体）に対してのみはたらき，物質内の動けない正イオンにたいしては作用しないが，導体と電流が一体である限りは，導体に対して制動力が作用するようにみえる．

問題 16.1 導線でできたインダクタンス L のコイルに電流 I が流れている．このコイルを，位置によって緩やかに変化する磁場中で Δr だけ動かしたところ，コイルの電流が ΔI だけ増大した．この運動中にコイルにはたらいた力の Δr 方向の成分を求めよ．ただしコイルの抵抗は無視できるほど小さいとする．

図 16.5

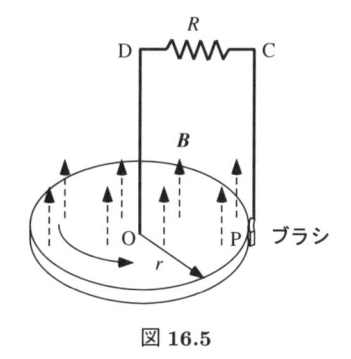

問題 16.2 図 16.5 のように一様な磁束密度 B のなかで，これと垂直におかれた半径 r の円盤状の導体が角速度 ω で回転している．この円盤の辺の 1 点 P にブラシを接触させ，さらに抵抗 R を介して中心 O に導線が接触しているとき，OPCD の向きに流れる電流を求めよ．

第17章

マクスウェルの方程式

いままでの議論で，電磁気学は理路整然とした一貫した枠組みに支えられていることが明らかになったであろう．もちろん電気と磁気では法則の形が異なっていた．これは，電気には単極の電荷があるのに，磁気には単極磁荷がないからである．にもかかわらず，誘電体や磁性体が存在するときのエネルギーの表現は非常に似ていることもみてきた．

以上のことは，電気と磁気とを対称的にあつかう関係の存在を示唆する．そのなかで最も整然としたものはマクスウェルの方程式である．以下でこれを導いてみよう．

17.1 変位電流

図 17.1 のような閉回路があってその一部に誘電体を含まないコンデンサが接続されており，面積 S の極板に電荷密度 $\pm\sigma$ の電荷があるとしよう．この閉回路に電流を流すために外部に導線を接続すると電流 I が流れる．導線は一般にインダクタンスや抵抗はゼロでないから I は時間には依存するが無限大にはならない．このとき極板上の電荷 $Q = S\sigma$ も時間的に変化する．電流が図のようにコンデンサの極板から流れているとすると，

$$I = -\frac{dQ}{dt} = -S\frac{d\sigma}{dt} \tag{17.1}$$

となる．

17.1 変位電流

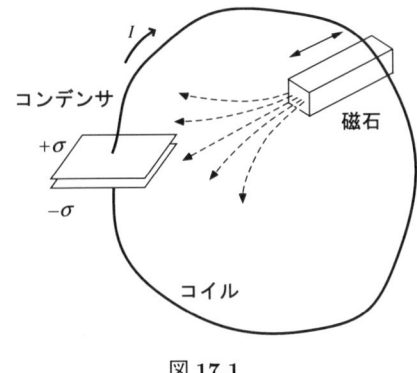

図 17.1

大きさが一定（時間に依存しない）の電流は，無限に長い直線を除けば必ず閉じたものであった．一方，いまの例では電流は時間に依存するとともに，コンデンサのところで電流が切られているようにみえる．ところが Whitehead の測定によれば，コンデンサの近くで磁場を測定しても閉回路の他の部分の近くで磁場を測定しても，値が変わらなかったのである．このことはコンデンサの近くでも電流が流れているのと同等の磁気作用が存在することを意味する．

実際，ある時刻におけるコンデンサの極板の真電荷密度を σ とすれば，極板間の電束密度 $\boldsymbol{D}$ の大きさ D は (5.1) に ε_0 を掛けて

$$D = \sigma \tag{17.2}$$

となる．ここで σ は時間に依存しているが，時間の関数であっても (5.1) や (17.2) の関係が成立することを仮定しよう．このことは，**電気のガウスの法則が，時間的に変化する電場や電束密度についても，それぞれの時刻について成立していることを意味する**．逆にこのことを仮定しないとマクスウェルの方程式を導くことはできない．この仮定の正しさは上のようなコンデンサを含む閉回路の電流の時間的変化（したがって磁束密度の変化）を測定することによって実験的に確かめられたのである．

極板の間に誘電体があっても，極板に平行に薄い空洞をつくってその内部の電場を考えれば，やはり真電荷密度 σ だけで電束密度が決まり (17.2) が成立する．

さて (17.1) と (17.2) より

$$I = -\frac{dQ}{dt} = -S\frac{d\sigma}{dt} = -S\frac{dD}{dt} \tag{17.3}$$

という関係が得られる．この関係をスカラー量からベクトルに変換して考えると，まず I/S は電流密度ベクトル j に相当するベクトルであると解釈でき，D は電束密度ベクトルと解釈することができる．すなわち dD/dt は電流密度に相当するものと考えることができる．

この結果を用い，さらに磁場を磁束密度に変換して (10.46) のアンペアの法則を書き直すと

$$\mathbf{rot}\,B = \mu_0\left(j + \frac{dD}{dt}\right) \tag{17.4}$$

という関係が得られる．これは磁性体がない位置での関係で，磁性体がある位置では j に磁化電流密度を含めて考える必要がある．上の関係はマクスウェルの方程式の 1 つである．アンペアの法則を拡張したものであるから，**マクスウェル・アンペアの方程式**ともよばれる．

(17.4) 式の積分型は (9.23) より

$$\mu_0\left(I + \int\left(\frac{dD}{dt}\right)\cdot n\,dS\right) = \oint B\cdot ds \tag{17.5}$$

となる．ただし，14.7 節で述べたように，磁性体の存在するところでは左辺の I に等価電流を含めて考えねばならない（磁場と磁束密度が平行でないとき，一般には等価電流を求めるのは簡単でない）．ここで右辺の積分はある閉曲線に沿ったものであり，左辺の第 2 項は，その閉曲線を辺とするある閉曲面の表面でその面に垂直なベクトルの成分について積分することを意味する．左辺の括弧内の第 2 項を**電束電流**または**変位電流**とよび，スカラー量である．また dD/dt は**電束電流密度**または**変位電流密度**とよばれるベクトル場である．マクスウェルの方程式を導くために欠かすことのできない概念である．

以上のように，変位電流とは**電流の連続性**から必然的に導かれた概念である．この連続性を表すためにしばしば次の関係が用いられる．

$$\mathrm{div}\,J + \frac{d\rho_t}{dt} = 0 \tag{17.6}$$

この式は (7.15) で表されるガウスの法則を時間で微分したものと考えると理解しやすい．すなわち，(7.15) で表される電荷密度が変化すれば必ず電流密度の変化をともないその和はゼロになるということを意味しており，**電荷の保存**を表現していると解釈することもできる．この電荷の保存が時間的に変化する場についてもそれぞれの時刻において成立していることが重要なのである．

17.2　電磁誘導の表現

前章において，電磁誘導は (13.2) 式で，すなわちインダクタンスを含む形で与えられていた．これは左辺において，磁束密度ではなく磁束を用いたからに他ならない．ここでは，磁束のかわりに磁束密度を用いた電磁誘導の関係式を導いてみよう．

(13.2) の右辺は閉回路に沿って発生する電圧（起電力）を表していた．起電力は電場を線積分したものであるから，(13.2) の右辺をそのような線積分で書くと

$$-\frac{d\Phi}{dt} = \oint \boldsymbol{E} \cdot d\boldsymbol{s} \tag{17.7}$$

となる．ここで非常に小さい閉曲線を考えると磁束密度はそのなかで一定とみなすことができる．この磁束密度の大きさを B とし閉曲線の面積を S とすると

$$-\frac{dB}{dt} = \frac{1}{S}\oint \boldsymbol{E} \cdot d\boldsymbol{s} \tag{17.8}$$

という関係が得られる．ところが，この右辺で S を小さくしていった極限は (10.9) および (10.19) により，ベクトル $\boldsymbol{E}$ の **rot** の面 S に垂直な成分に他ならない．よって，(17.8) をベクトルの表現に変えて，

$$-\frac{d\boldsymbol{B}}{dt} = \operatorname{rot} \boldsymbol{E} \tag{17.9}$$

となる．これもマクスウェルの方程式の1つで，**電磁誘導を表した**ものである．この式の積分型は，左辺を磁束にもどすために面積分し，右辺を (17.7) の右辺に置き換えれば得られる．すなわち

$$-\int \left(\frac{d\boldsymbol{B}}{dt}\right) \cdot \boldsymbol{n}\, dS = \oint \boldsymbol{E} \cdot d\boldsymbol{s} \tag{17.10}$$

となる．左辺の積分の意味は，右辺の線積分をおこなう閉曲線を辺とする面について，ベクトル $(\mathrm{d}\boldsymbol{B}/\mathrm{d}t)$ のこの面に垂直な成分について積分したものである．

(17.7) と (17.10) の左辺をくらべると，実は面積分と時間 t による微分の順序が違うことがわかる．(17.7) の左辺は先に面積分をおこなってから時間で微分した表現であり，(17.10) の左辺はさきに時間で微分してから面積分する表現になっている．偏微分では微分の順序を変えてもよいのでこのような計算が許されるのである．

17.3　マクスウェルの方程式の境界条件

マクスウェルの方程式の微分型，すなわち (17.4) および (17.9) をならべて書いてみよう．

$$\mathrm{rot}\,\boldsymbol{B} = \mu_0 \left(\boldsymbol{j} + \frac{\mathrm{d}\boldsymbol{D}}{\mathrm{d}t}\right) \tag{17.11}$$

$$\mathrm{rot}\,\boldsymbol{E} = -\frac{\mathrm{d}\boldsymbol{B}}{\mathrm{d}t} \tag{17.12}$$

これでは，3 つの場の変数があって解けない．しかし電場と電束密度の間の関係

$$\boldsymbol{D} = \varepsilon \boldsymbol{E} \tag{17.13}$$

を加えれば，独立な式は 3 つとなり解けるための必要条件は満たされる．

もちろん磁性体がある位置では，$\boldsymbol{j}$ に等価電流密度を含めて考えねばならない．このためにはたとえば $\boldsymbol{B} = \mu \boldsymbol{H}$ という関係を含めて考える必要があり，結局，4 つの場に対して 4 つの式があると解釈することもできる．

しかし，微分型の方程式は境界条件（初期条件）を与えないと実際の解が定まらない．そのような境界条件を与えるものとして

$$\mathrm{div}\,\boldsymbol{B} = 0 \tag{17.14}$$

および

$$\mathrm{div}\,\boldsymbol{D} = \rho_t \tag{17.15}$$

がつけ加えられることが多い．(17.14) は単極磁荷が存在しないことに対応し，逆に (17.15) は真電荷が存在することに対応している．

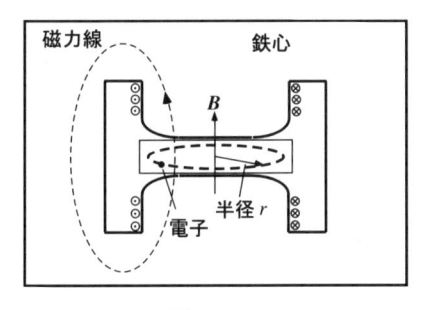

図 17.2

もちろん，(17.14) と (17.15) ですべての境界条件を与えたことにならない．大部分の境界条件はまだ与えられていないのである．たとえば最も簡単な場合として真空中の電磁場の振る舞いを考えるとしよう．電流は存在しないので，(17.13) を考慮し

$$\mathrm{rot}\,\boldsymbol{B} = \mu_0 \varepsilon_0 \frac{\mathrm{d}\boldsymbol{E}}{\mathrm{d}t} \tag{17.16}$$

$$\mathrm{rot}\,\boldsymbol{E} = -\frac{\mathrm{d}\boldsymbol{B}}{\mathrm{d}t} \tag{17.17}$$

という比較的単純な式が得られるが，これでも境界条件を与えないと具体的な解が定まらない．具体的な例を次の節でみてみよう．

17.4　ベータトロン加速

現在ではあまり用いられないが，電子を加速する装置として「ベータトロン」という加速器があった．図 17.2 のように，鉄心を用いた電磁石のなかに真空に保たれたドーナツ状の容器があり電子が入射される．このとき電子は 15 章で述べた「ローレンツ力」を受けて軌道が曲げられるばかりでなく，磁場の時間変化によっても力を受け加速されるのである．

電子を加速する電場は，(17.9) または (17.10) で表される電磁誘導の方程式にしたがって生じている．ここで磁束密度 $\boldsymbol{B}$ は z 方向を向いており，空間的に一様であるとしよう．そうすると，電磁誘導によって電場は Z 軸に垂直に生ずるであろう．磁束密度が時間的に変化しなければ電子はローレンツ力を受けて，ある円軌道上を運動する．そこでいま，半径 r の円が XY 平面内に

あるとし，電子はローレンツ力を受けてこの円周上を運動するとする．ここで磁束密度が時間変化したとき，電磁誘導により発生した電場はこの円周に沿っていると仮定しよう．この円の面積は πr^2，周長は $2\pi r$ であるから，磁束密度および電場の大きさを B, E とすると (17.10) より，

$$\pi r^2 \frac{dB}{dt} = 2\pi r E \qquad (17.18)$$

となり，これから

$$E = \frac{r}{2}\frac{dB}{dt} \qquad (17.19)$$

という，電場の大きさが得られる．

しかしよく考えてみると，電子にはたらく電場がなぜ電子の進行方向に沿っているのかは説明されていない．実は，**実際に受ける力の向きを決めるには別の境界条件が必要**なのである．

この境界条件を決めるには，12.3 節で述べたように磁力線と電流の位置関係（トポロジー）を大局的に考慮しなければならない．これを「**大域的トポロジー**」を考慮するという．実際のベータトロンを想像してみれば（図 17.2 参照）わかるように，一様な磁束密度といってもどこかで磁力線は閉じているはずである．実際のベータトロンが特定の軸のまわりの回転対称性をもっているいるのだから，磁場も回転対称性をもつ．この回転対称性は，磁束密度が時間的に変化しない場合の電子のサイクロトロン運動の中心がただ 1 つ決まるという事実によっても実現されている．その結果，誘導によって発生する電場も同じ回転対称性をもっていると考えるのである．この考え方は実際のベータトロンにおいて，電子がつねに接線方向に加速されることをよく説明する．ただし，仮に磁束密度を磁極の間では場所によらないとして，磁束密度を時間的に増大させると電子は加速されずに電子の軌道半径がどんどん小さくなってしまう．加速しながら一定の軌道半径を保つためには，電子軌道上の磁束密度の大きさをその内側の磁束密度の大きさの 1/2 程度に小さくする（問題参照）必要がある．このような工夫がベータトロンになされていたので加速器として成功したのである．

図 17.3

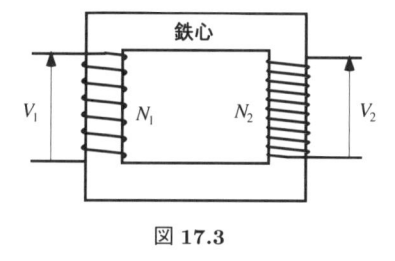

17.5 変圧器

　変圧器が交流電圧を変換する上で実用上も重要であることはよく知られている．変圧器は図 17.3 のように，透磁率が非常に大きい鉄心の 1 次側に N_1 回，2 次側に N_2 回導線を巻いたコイルによって構成される．透磁率が大きいので磁束は磁性体の外部に漏れないとしよう．このときの 1 次側および 2 次側の自己インダクタンスは巻き数の 2 乗に比例するから $L_1 = kN_1^2$ および $L_2 = kN_2^2$ とする．ここで 1 次側に

$$I_1 = I_0 \sin \omega t \tag{17.20}$$

という交流電流が流れているとしよう．このとき 1 次側に生ずる磁束を Φ とすると (12.9) 式により

$$N_1 \Phi = L_1 I_1 = kN_1^2 I_1 \tag{17.21}$$

である．したがって 1 次側の電圧はこれを時間で微分し

$$V_1 = N_1 \frac{d\Phi}{dt} = kN_1^2 \frac{dI_1}{dt} \tag{17.22}$$

となる．一方，2 次側にはこの磁束の変化が鉄心によってそのまま伝達されるので，2 次側に発生する電圧は

$$V_2 = N_2 \frac{d\Phi}{dt} = kN_2^2 \frac{dI_2}{dt} \tag{17.23}$$

となる．(17.22) と (17.23) を比較すると

$$\frac{V_2}{V_1} = \frac{N_2}{N_1} \tag{17.24}$$

というよく知られた結果が導かれる．さらに，(17.22) と (17.23) のなかの微分がそれぞれ $\cos\omega t$ という共通の因子を含むことを考慮すると

$$\frac{I_2}{I_1} = \frac{N_1}{N_2} \qquad (17.25)$$

という関係が得られる．

以上の関係でわかるように，変圧器では電圧を増大させれば逆に電流は減少する．したがって**変圧器では電力を増大させることはできない**．

[この章の重要事項]

1) 電束密度の大きさが時間的に変化すると (17.3) のような変位電流が生じ，実電流と同じ作用をする．
2) 変位電流を含めて考えると，アンペアの法則の微分型が (17.4) のように表される．これをマクスウェルの方程式の1つでマクスウェル・アンペアの方程式ともよばれる．この式の積分型は (17.5) で与えられる．
3) 変位電流は電流の連続性からも導かれるが，この連続性は (17.6) で表される．
4) この関係は「電気のガウスの法則が時間的に変化する電場や電束密度に対しても成立する」ことを意味している．
5) 電磁誘導の法則からマクスウェルの第2の方程式が (17.9) のように導かれる．この積分型は (17.10) である．
6) マクスウェルの方程式には3種類のベクトル場が含まれているが，式は2つしかない．これに第3の式 (17.13) をつけ加えると，式も3つになり解けることになる．
7) しかし，微分方程式を解くには境界条件が必要である．そこで磁束密度と電束密度について，(17.14) と (17.15) をつけ加える．
8) 真空中ではマクスウェルの方程式は簡単になって，(17.16) と (17.17) で与えられる．
9) ベータトロン加速では (17.19) のように磁束密度の時間変化によって電場が生ずる．しかしこの電場の向きは軸対称性という大域的トポロジーを考慮した境界条件で定まる．
10) 変圧器により，電圧をコイルの巻き数に比例して (17.24) のように変える

ことができる．しかし電流は巻き数に反比例するから，変圧器によって電力を増大させることはできない．

問題 17.1 ベータトロンにおいて，時刻 $t=0$ で磁束密度 $\boldsymbol{B}$=0 とし，荷電粒子の軌道半径 R を一定にするには，磁束密度の大きさ B を $\Phi/(2S)$ にせねばならないことを示せ．ただし，Φ は軌道が囲む円内の総磁束，S はその円の面積である．

第18章

電磁波

古典電磁気学の最もめざましい成功の1つは，電磁気的作用が横波として真空中を伝わることを明らかにしたことである．しかもこれが光の速度と同じ速度をもつこと，光が示す干渉や回折などの波動現象を説明することになったのである．このことをマクスウェルの方程式から導いてみよう．

18.1 波動方程式

真空中のマクスウェルの方程式は (17.16) および (17.17) で与えられた．すなわち

$$\mathrm{rot}\, \boldsymbol{B} = \varepsilon_0 \mu_0 \frac{\mathrm{d}\boldsymbol{E}}{\mathrm{d}t} \tag{18.1}$$

$$\mathrm{rot}\, \boldsymbol{E} = -\frac{\mathrm{d}\boldsymbol{B}}{\mathrm{d}t} \tag{18.2}$$

である．まず (18.2) の両辺に **rot** を作用させると

$$\mathrm{rot}\,\mathrm{rot}\, \boldsymbol{E} = -\mathrm{rot}\frac{\mathrm{d}\boldsymbol{B}}{\mathrm{d}t} \tag{18.3}$$

となる．この右辺で時間についての微分と **rot** の作用は順序を入れ替えることができるから，(18.1) の両辺を t で微分して (18.3) を代入すると

$$-\mathrm{rot}\,\mathrm{rot}\, \boldsymbol{E} = \varepsilon_0 \mu_0 \frac{\mathrm{d}^2 \boldsymbol{E}}{\mathrm{d}t^2} \tag{18.4}$$

という関係が得られる．

この式の左辺はベクトルの公式（付録 A.5 節参照）により次のように書き換えることができる．すなわち

$$\mathrm{rot}\,\mathrm{rot}\,\boldsymbol{E} = \mathrm{grad}(\mathrm{div}\,\boldsymbol{E}) - \nabla^2 \boldsymbol{E} \tag{18.5}$$

ここで第 2 項のベクトルの成分は

$$(\nabla^2 \boldsymbol{E})_x = \left(\frac{\partial^2}{\partial x^2} + \frac{\partial^2}{\partial y^2} + \frac{\partial^2}{\partial z^2}\right) E_x$$

$$(\nabla^2 \boldsymbol{E})_y = \left(\frac{\partial^2}{\partial x^2} + \frac{\partial^2}{\partial y^2} + \frac{\partial^2}{\partial z^2}\right) E_y$$

$$(\nabla^2 \boldsymbol{E})_z = \left(\frac{\partial^2}{\partial x^2} + \frac{\partial^2}{\partial y^2} + \frac{\partial^2}{\partial z^2}\right) E_z \tag{18.6}$$

等と定義される．また (18.5) の右辺第 1 項において，真空中なので電荷がなくガウスの法則により

$$\mathrm{div}\,\boldsymbol{E} = 0 \tag{18.7}$$

とおける．すなわち (18.5) の右辺第 1 項はゼロであるから

$$\mathrm{rot}\,\mathrm{rot}\,\boldsymbol{E} = -\nabla^2 \boldsymbol{E} \tag{18.8}$$

となり，したがって (18.4) より

$$\nabla^2 \boldsymbol{E} - \varepsilon_0 \mu_0 \frac{\mathrm{d}^2 \boldsymbol{E}}{\mathrm{d}t^2} = 0 \tag{18.9}$$

という重要な方程式が得られる．これを**真空中の電場についての波動方程式**という．

まったく同様にして**真空中の磁束密度の波動方程式**が求められて

$$\nabla^2 \boldsymbol{B} - \varepsilon_0 \mu_0 \frac{\mathrm{d}^2 \boldsymbol{B}}{\mathrm{d}t^2} = 0 \tag{18.10}$$

となる．

18.2　真空中の電磁波の速さ

(18.9) と (18.10) は同じ形をしている．これがなぜ「波動方程式」とよばれるのか考えてみよう．

たとえば (18.6) を頭にいれて (18.9) をみると，電場はベクトルであるが，実際には 3 つの式はそれぞれ E_x, E_y, E_z の 1 つだけを含むことがわかる．（このことを E_x, E_y, E_z について変数分離されているという．）たとえば x 成分について

$$\nabla^2 E_x - \varepsilon_0 \mu_0 \frac{\mathrm{d}^2 E_x}{\mathrm{d}t^2} = 0$$

となるが，もう少しはっきり書くと

$$\left(\frac{\partial^2}{\partial x^2} + \frac{\partial^2}{\partial y^2} + \frac{\partial^2}{\partial z^2}\right) E_x - \varepsilon_0 \mu_0 \frac{\mathrm{d}^2 E_x}{\mathrm{d}t^2} = 0 \qquad (18.11)$$

と表せる．この方程式は E_x について変数分離されているが，もちろん変数は x, y, z すべてを含んでいる．

(18.11) の解は f を任意の関数として次のような形をしていることが，直接代入して確かめられる．

$$E_x = f(k_x x + k_y y + k_z z - \omega t) \qquad \mathbf{(18.12)}$$

ただし

$$k_x^2 + k_y^2 + k_z^2 = \omega^2 \varepsilon_0 \mu_0 \qquad \mathbf{(18.13)}$$

という関係が必要である．E_y および E_z についてもまったく同様な形の解が得られるがやはり (18.13) が前提となる．

重要なことは，とにかく解が (18.12) の形をしていれば (18.13) が成立する限り f は任意の関数でよいということである．また **2 つの異なる解があればそれを重ね合わせたものもまた解になっている**．これを「**波動の重ね合わせの原理**」という．波が干渉するのは波動方程式のこのような性質に基礎をおいているのである．とにかく解は無限に存在することになる．

無限の解では考えにくいので，もう少し限定して $k_x = k_y = 0$ の場合を考えよう．

このとき (18.13) により

$$k_z = \pm \omega \sqrt{\varepsilon_0 \mu_0} \qquad (18.14)$$

と決まってしまう．ここで (18.12) において時間 t を $t + t_0$ に変えても，同時に z を $z + (\omega t_0 / k_z)$ に変えれば E_x の値は変わらない．すなわち時間の経過

E_y

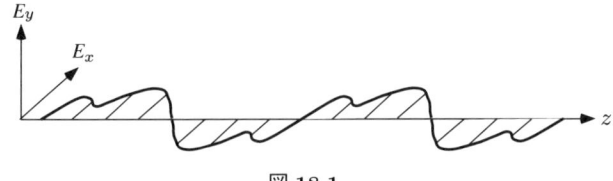

E_x

z

図 18.1

は波を z 方向にある長さだけ変位させたのと同様である．波は図 18.1 のように E_x は形を保存したまま z 方向に進んでゆく．このような解をもたらすので (18.9) 等は波動方程式とよばれるのである．

波の進む速さを c とすると，時間 t_0 の間に $\omega t_0/k_z$ だけ進んだのであるから，(18.14) に注意して

$$c = \frac{\omega}{k_z} = \frac{1}{\sqrt{\varepsilon_0 \mu_0}} \tag{18.15}$$

となる．真空中の場合，c は「真空中の電磁波の速さ」または「真空中の光の速さ」とよばれる．

k_x, k_y, k_z が一般の値をもつとき $\boldsymbol{k} = (k_x, k_y, k_z), \boldsymbol{r} = (x, y, z)$ というベクトルを考えると，(18.12) は

$$E_x = f(\boldsymbol{k} \cdot \boldsymbol{r} - \omega t) \tag{18.16}$$

と書ける．E_y および E_z についても同じ形に書ける．ここで $\boldsymbol{r} \cdot \boldsymbol{k}$ は 2 つのベクトルが同じ向きのときに最大値をとる．したがって一般にベクトル $\boldsymbol{k}$ の**向きは波の進む方向を表している**ことがわかる．このように $\boldsymbol{k}$ が決まってしまえばそれは一定であるから，**真空中では電磁波は直進**するのである．

また，ベクトル $\boldsymbol{k}$ の大きさを k とすれば (18.14) より

$$k^2 = \omega^2 \varepsilon_0 \mu_0 \tag{18.17}$$

となるから，ベクトル $\boldsymbol{k}$ の方向に進む限り，真空中では波の速さはやはり c に等しいのである．

18.3　横波としての電磁波

速さ c で進む波であればどのような解でも電磁波になりうるかというと，実はそうではない．少なくとも電場と磁束密度はマクスウェルの方程式を満

足せねばならない．また真空中では電場は $\mathrm{div}\,\boldsymbol{E}=0$ を満足しなければならない．

　ここで波動の周期性を考えるために，(18.16) の関数型をサイン関数であると仮定しよう．すなわち

$$E_x = E_{x0}\sin(\boldsymbol{k}\cdot\boldsymbol{r} - \omega t) \tag{18.18}$$

という形を E_y, E_z にも仮定する．そうすると

$$\frac{\mathrm{d}E_x}{\mathrm{d}x} = k_x E_{x0}\cos(\boldsymbol{k}\cdot\boldsymbol{r} - \omega t)$$

$$\frac{\mathrm{d}E_y}{dy} = k_y E_{y0}\cos(\boldsymbol{k}\cdot\boldsymbol{r} - \omega t)$$

$$\frac{\mathrm{d}E_z}{\mathrm{d}z} = k_z E_{z0}\cos(\boldsymbol{k}\cdot\boldsymbol{r} - \omega t) \tag{18.19}$$

という関係も成立するはずである．この 3 式の両辺を加えると

$$\mathrm{div}\,\boldsymbol{E} = \boldsymbol{k}\cdot\boldsymbol{E}\cos(\boldsymbol{k}\cdot\boldsymbol{r} - \omega t) \tag{18.20}$$

という関係が得られる．ここで $\mathrm{div}\,\boldsymbol{E}=0$ だから (18.20) がつねに成立するためには

$$\boldsymbol{k}\cdot\boldsymbol{E} = 0 \tag{18.21}$$

でなければならない．すなわち波の進む方向 $\boldsymbol{k}$ と電場 $\boldsymbol{E}$ は直交する．

　以上の証明はサイン関数的に変化する電場について証明したにすぎない．しかし (18.12) において，任意の周期的関数はサイン関数から合成できるというフーリエの定理（ここでは証明しない）がある．それぞれのサイン関数の成分は (18.20) を満たすので (18.21) が成立しているから，周期的に変化する任意の電磁波における電場は進行方向と直交しているのである．磁束密度 $\boldsymbol{B}$ についても $\mathrm{div}\boldsymbol{B}=0$ であるから同じことが結論される．**これから電磁波は横波である**ということが結論される．

　電磁波が横波であることは真空中の電磁波の特殊性である．なにか物質がある場合，たとえば電磁波をとじこめる空洞などがある場合は縦波の成分が混じってくる．加速器で用いられる加速空洞は電磁波の縦波成分を利用して荷電粒子を加速するデバイスである．

18.4 進行電磁波における電場と磁場の関係

マクスウェルの方程式 (18.1), (18.2) によれば電場と磁束密度が時間変化をするとき両者が独立でないことは明らかである．そこで最も簡単な場合として z 方向に進むサイン波的な電磁波を考えてみよう．

仮に E_x だけがゼロでないとして

$$E_y = E_z = 0$$

$$E_x = E_0 \sin(k_z z - \omega t) \qquad (18.22)$$

と表されるとしよう．これは電場ベクトルが符号は別にして向きが決まっていることを意味する．このような電磁波を「**直線偏波**」といい，光の場合は「直線偏光」という．

このとき (18.2) 式の左辺の各成分は

$$(\mathbf{rot}\,\boldsymbol{E})_x = 0$$
$$(\mathbf{rot}\,\boldsymbol{E})_y = k_z E_0 \cos(k_z z - \omega t)$$
$$(\mathbf{rot}\,\boldsymbol{E})_z = 0 \qquad (18.23)$$

と計算されるから，右辺は y 成分だけを考えればよい．すなわち磁束密度 $\boldsymbol{B}$ は y 成分しかもたず，**電場ベクトルと直交している**．そうすると解くべき式は

$$k_z E_0 \cos(k_z z - \omega t) = -\frac{dB_y}{dt} \qquad (18.24)$$

となる．これを B_y について解くと

$$B_y = (k_z E_0/\omega) \sin(k_z z - \omega t) + B_0 \qquad (18.25)$$

という結果が得られる．ここでは波を考えているから，定数項 B_0 はゼロである．

したがって最終的に

$$B_x = B_z = 0$$
$$B_y = (k_z E_0/\omega) \sin(k_z z - \omega t) \qquad (18.26)$$

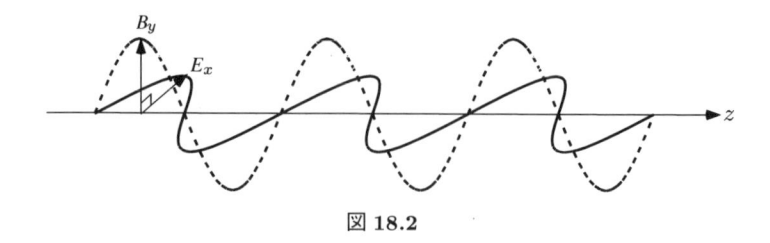

172　第18章　電磁波

図 **18.2**

という磁束密度が得られた．ここで (18.15) を用いると

$$B_y = (E_0/c)\sin(k_z z - \omega t) \tag{18.27}$$

と書くこともできる．

　以上のように (18.22) と (18.27) をみると，**自由空間を一方向に進行する電磁波では電場と磁束密度はまったく同じ位相で振動しておりかつそのベクトルの向きは直交していることがわかる**．このような電磁波を図示すると図 18.2 のようになる．

[この章の重要事項]
1) 真空中のマクスウェルの方程式から (18.9) のような電場についての波動方程式が得られる．
2) 磁束密度についての波動方程式は (18.10) である．
3) ベクトル $\boldsymbol{k}$ の方向に進む電磁波の電場は (18.16) のように表される．真空中では電磁波は直進する．
4) 真空中を伝わる電磁波においては，波の変化が周期的である限り，電場 $\boldsymbol{E}$ も磁束密度 $\boldsymbol{B}$ も $\boldsymbol{k}$ に直交している．すなわち電磁波は横波である．
5) 磁束密度は電場に直交しており，サイン関数的に変化する場合は両者とも同じ位相で振動する．

問題 18.1　 Z 軸の正の向きに進む電磁波と負の向きに進む電磁波を重ね合わせると，時刻によらず電場がゼロとなる場所ができることを示せ．また磁場がゼロになる場所は電場がゼロになる場所に対してどれだけずれるか考察せよ．

第19章

電磁気学の単位系

19.1 物理量の次元

　力学における物理量を表す基本量は長さ，時間，質量であった．これらを用いるとたとえば速度（または速さ）の単位は（m/sec）すなわち（長さ/時間）という次元をもつ．この次元には長さの1乗と時間の−1乗が含まれている．これを次元記号で LT^{-1} と書く．ただしLは長さ，Tは時間を表す．

　同様にして，加速度の次元記号は LT^{-2} となり，力の次元記号は MLT^{-2} となる．ただしMは質量の次元記号である．このようにL,T,Mなどについた指数をそれぞれL,T,Mに関する「次元」という．力学において通常用いられる単位において，長さをm，質量をkg，時間を秒（sec）にとったものをMKS単位系という．これにアンペアという電流の単位を定義してさらに発展させたものをSI単位系という．本書では特に断りなしにこの単位系を採用してきた．

19.2 電磁気学の単位に必要なもの

　電磁気学の単位系をつくりあげるには少なくとも1つ新しい物理量をつけ加えなければならない．たとえばクーロンの法則 (3.1) において電荷の単位をC（クーロン）とし，これを記号によりQで表すと，物理量の次元の関係

はクーロンの法則により

$$\mathrm{MLT^{-2}} = [K]\, \mathrm{Q^2 L^{-2}} \tag{19.1}$$

となるから，比例定数 K の次元は

$$[K] = \mathrm{ML^3 T^{-2} Q^{-2}} \tag{19.2}$$

となる．ただし [ ] という記号は物理量の次元を示すことを意味する．この比例定数を (3.2) によって ε_0 で置き換えると，ε_0 の次元は (19.2) の逆数の次元となり

$$[\varepsilon_0] = \mathrm{M^{-1} L^{-3} T^2 Q^2} \tag{19.3}$$

で与えられる．

ε_0 の次元が与えられると，$\varepsilon_0 \mu_0 = 1/c^2$ であったから，光の速さ c の次元が $\mathrm{LT^{-1}}$ であることを用いれば，μ_0 の次元も容易に求められる．

$$[\mu_0] = \mathrm{MLQ^{-2}} \tag{19.4}$$

ε_0 と μ_0 の次元が求まると電場の次元は (3.3) によって求まるから，マクスウェルの方程式 (17.11), (17.12) および (8.15) により磁場や磁束密度の次元はすべて求まることになる．

19.3　数値の一貫性

1 クーロンの電荷が電気化学的に定義されている場合は，1 アンペアの電流とは 1 秒間当り 1C（クーロン）の電荷が流れる状態として定義される．しかし本書が採用した SI 単位では，電荷より先にアンペアを以下のように定義する単位系である．

距離 d だけ隔てた 2 本の無限に長い平行な直線にそれぞれ同じ向きに電流 I が流れていたとしよう．そのうちの 1 本が他方のところにつくる磁束密度の大きさは (9.5) 式に μ_0 を乗じて，$r_0 = d$ とすれば

$$B = \mu_0 I / (2\pi d) \tag{19.5}$$

となる．これにフレミングの左手の法則 (16.1) を適用して長さ L の部分にはたらく力を求めると

$$f = \mu_0 I^2 L/(2\pi d) \tag{19.6}$$

となる．

ここで SI 単位系では

$$\mu_0 = 4\pi \times 10^{-7} \text{tesla/N} \tag{19.7}$$

という数値を用いることに決めている．そうすると $L = d = 1\,\text{m}$, $I = 1\,\text{A}$ のときに力 f は 2 ニュートンになるのである．実際 (19.7) を (19.6) に代入すると

$$f = 2 \times 10^{-7} I^2 L/d \tag{19.8}$$

となって，π などを含まないきりのよい数値になる．逆にいえば，メートル（m）や秒（sec）などの単位を別な手段で決めておいて，μ_0 を (19.7) と定義した上で，力 f が 2N になるように電流の単位「アンペア」を定義するのがこの単位系である．このアンペアは「絶対アンペア」とよばれることもある．

電流の単位が決まると，アンペアの法則 (10.40) により磁場の単位が

$$[H] = \text{A/m} \tag{19.9}$$

のように決まる．

また 1 アンペアは 1C/sec でもあるから，クーロン（C）の単位もこれによって定義し直される．

19.4　SI 単位系の実際

前節で述べたように μ_0 の値を決めて電流の単位（アンペア）を決めるとき，これにより決まる量の 1 つは ε_0 である．(19.7) と (18.15) より

$$\varepsilon_0 = 10^7/(4\pi c^2) \tag{19.10}$$

という関係が得られる．c は真空中の光の速さで，実測によると

$$c = 2.99792458 \times 10^8 \,\text{m/sec} \tag{19.11}$$

である．したがってこれを代入すると

$$\varepsilon_0 = 8.854188 \times 10^{-12} \mathrm{C}^2/(\mathrm{m}^2\mathrm{N}) \qquad (19.12)$$

という数値が得られる．この数値を用いてクーロンの法則 (3.1) を適用すると，1m 離れた 1 クーロンの電荷の間にはたらく力は 100 万トン・重近くにもなる莫大なものになることが理解できるであろう．このように電気的な力は重力などにくらべてはるかに大きいのである．

付　　録

A.1　ベクトルの内積（スカラー積）と外積（ベクトル積）

3次元の空間で2つのベクトル $\boldsymbol{B},\boldsymbol{C}$ が直交座標 (x,y,z) を用いて，次のように定義されているとしよう．

$$\boldsymbol{B} = (B_x, B_y, B_z)$$

$$\boldsymbol{C} = (C_x, C_y, C_z)$$

このときベクトル $\boldsymbol{B}$ と $\boldsymbol{C}$ の内積を $\boldsymbol{B}\cdot\boldsymbol{C}$ と書き

$$\boldsymbol{B}\cdot\boldsymbol{C} = B_x C_x + B_y C_y + B_z C_z \tag{A.1}$$

と定義される．ところでこの内積はもっとありふれた定義

$$\boldsymbol{B}\cdot\boldsymbol{C} = BC\cos\theta \tag{A.2}$$

に等しい．ここでそれぞれのベクトルの絶対値を B,C で表し，それらの間の角度を θ とした．

この2つの関係が等しいことを証明するには $\boldsymbol{D} = \boldsymbol{B} - \boldsymbol{C}$ というベクトルを定義して，$\boldsymbol{B},\boldsymbol{C},\boldsymbol{D}$ でつくられる三角形にたいする余弦定理，

$$B^2 + C^2 - 2BC\cos\theta = D^2$$

図 A.1

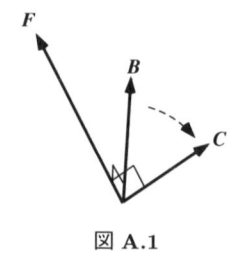

を用いればよい．

これにたいして外積（ベクトル積）は，ベクトルの成分で書くと以下のように定義される．

$$\boldsymbol{F} = \boldsymbol{B} \times \boldsymbol{C}$$
$$= (B_y C_z - B_z C_y, B_z C_x - B_x C_z, B_x C_y - B_y C_x) \quad \textbf{(A.3)}$$

$\boldsymbol{F}$ が $\boldsymbol{B}$ にも $\boldsymbol{C}$ にも直交していること，すなわち

$$\boldsymbol{F} \cdot \boldsymbol{B} = \boldsymbol{F} \cdot \boldsymbol{C} = 0 \quad \text{(A.4)}$$

が成立していることは，直接に成分を代入して計算すれば容易に確かめられる．$\boldsymbol{F}$ の向きは図 A.1 のように，ベクトル $\boldsymbol{B}$ を回転させてベクトル $\boldsymbol{C}$ の向きに変えたとき右ネジの進む方向になっている．

また $\boldsymbol{F}$ の大きさ F は，$\boldsymbol{B}$ と $\boldsymbol{C}$ の間の角度を θ として

$$F = BC \sin\theta \quad \textbf{(A.5)}$$

で与えられる．

A.2 関数の偏微分

x, y, z の3変数をもつ関数 $F(x, y, z)$ が定義されていて，それらの変数について連続かつ微分可能であるとしよう．このとき，y と z を変化させないで x について $F(x, y, z)$ を微分したものを

$$\frac{\partial F}{\partial x}$$

と書いてこれを関数 F の x による偏微分とよぶ．同様にして

$$\frac{\partial F}{\partial y}, \quad \frac{\partial F}{\partial z}$$

も定義できる．以上を用いると，x, y, z がそれぞれ $\Delta x, \Delta y, \Delta z$ だけ微小に変化したときの F の変化分 ΔF は

$$\Delta F = \Delta x \frac{\partial F}{\partial x} + \Delta y \frac{\partial F}{\partial y} + \Delta z \frac{\partial F}{\partial z} \tag{A.6}$$

と書けることが重要である．

また 2 階以上の偏微分は

$$\frac{\partial^2 F}{\partial x^2}, \quad \frac{\partial^2 F}{\partial y^2}, \quad \frac{\partial^2 F}{\partial z^2}$$

などが定義できる．重要なことは，偏微分は順序によらないことで，x で偏微分してから y で偏微分しても，またこの順序を変えても等しいことである．たとえば

$$\frac{\partial^2 F}{\partial x \partial y} = \frac{\partial^2 F}{\partial y \partial x} \tag{A.7}$$

が成立する．

A.3　立体角

点 O と曲面 S があるとき，S の周辺のすべての点と O を結べば錐面ができる．いま，S が O からみて折り重なっていない曲面であるとする．すなわち，O を通り錐面の内部にある直線は S とただ 1 点で交わるとする．O を中心に半径 r の球を描き，錐面が球面から切り取る面積を f とするとき f/r^2 を曲面 S の O にたいする立体角という．したがって，立体角とはある点から曲面 S をながめたときの角度範囲のことである．$r = 1$ とすれば，点 O を中心に半径 1 の球面を描いて点 O から S を見込むときの球面上に投影された面積によって立体角が定義される．したがって，全方位を見込むとすればその立体角は 4π である．特に微小な面 dS を考えるとき，立体角 $d\Omega$ は $dS \cos\theta / r^2$ で定義される．ただし，θ は dS の法線が点 O と dS と結ぶ直線となす角である．

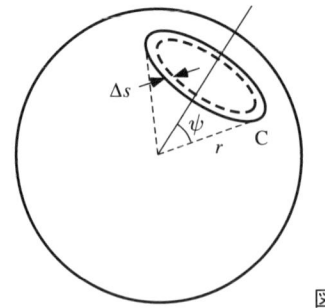

図 A.2

たとえば，図 A.2 のように，半径 r の球の中心から球面上の円 C を見込む円錐の半頂角を ψ としよう．球面上のこの円の面積 S を求めれば S/r^2 が立体角 Ω である．まず円 C の半径を a とすると

$$a = r\sin\psi \tag{A.8}$$

この円に Δs だけの幅をもたせるとこの部分の面積 ΔS は

$$\Delta S = 2\pi a \Delta s \tag{A.9}$$

となる．一方 $\Delta s = r\Delta\psi$ であるからこれと (A.8) を (A.9) に代入すると

$$\Delta S = 2\pi r^2 \sin\psi \Delta\psi \tag{A.10}$$

これを ψ について 0 から ψ まで積分すると S が求まり，立体角は

$$\Omega = S/r^2 = 2\pi(1-\cos\psi) \tag{A.11}$$

となる．

(9.11) 式においては ψ を $\frac{\pi}{2}-\theta$ でおきかえて $\cos\left(\frac{\pi}{2}-\theta\right) = x/r$ となっている．

A.4　公式 $\operatorname{rot}\operatorname{rot}\boldsymbol{A} = \operatorname{grad}(\operatorname{div}\boldsymbol{A}) - \nabla^2\boldsymbol{A}$ の証明

まず ∇ は記号的にベクトルとして

$$\nabla = \left(\frac{\partial}{\partial x}, \frac{\partial}{\partial y}, \frac{\partial}{\partial z}\right)$$

と定義されていることに注意しよう．したがってベクトルの内積により

$$\nabla \cdot \nabla = \nabla^2 = \frac{\partial^2}{\partial x^2} + \frac{\partial^2}{\partial y^2} + \frac{\partial^2}{\partial z^2}$$

という演算子が定義できる．このときたとえば公式の右辺第 2 項の x 成分について

$$\nabla^2 A_x = \frac{\partial^2 A_x}{\partial x^2} + \frac{\partial^2 A_x}{\partial y^2} + \frac{\partial^2 A_x}{\partial z^2} \tag{A.12}$$

と書ける．

次に **rot rot** A の x 成分は

$$\begin{aligned}(\mathbf{rot\ rot}A)_x &= \frac{\partial}{\partial y}\left(\frac{\partial A_y}{\partial x} - \frac{\partial A_x}{\partial y}\right) - \frac{\partial}{\partial z}\left(\frac{\partial A_x}{\partial z} - \frac{\partial A_z}{\partial x}\right) \\ &= \frac{\partial^2 A_y}{\partial y \partial x} + \frac{\partial^2 A_z}{\partial z \partial x} - \frac{\partial^2 A_x}{\partial y^2} - \frac{\partial^2 A_x}{\partial z^2}\end{aligned} \tag{A.13}$$

と計算される．一方，公式の右辺の第 1 項の x 成分は

$$\frac{\partial}{\partial x}\left(\frac{\partial A_x}{\partial x} + \frac{\partial A_y}{\partial y} + \frac{\partial A_z}{\partial z}\right) = \frac{\partial^2 A_x}{\partial x^2} + \frac{\partial^2 A_y}{\partial x \partial y} + \frac{\partial^2 A_z}{\partial x \partial z} \tag{A.14}$$

と計算される．以上を考慮して (A.12) 式と比較することにより，公式の両辺の x 成分が等しいことが証明される．ただし (A.7) など偏微分の順序を変更できることを用いた．y 成分，z 成分についても同様に証明される．

A.5　ビオ・サバールの法則からアンペアの法則の微分形を導くこと

10.3 節で論じたようにベクトルポテンシャルを (10.24) により

$$\mathbf{A}(x,y,z) = \frac{\mu_0}{4\pi}\iiint \frac{\mathbf{j}(x',y',z')}{r}\mathrm{d}x'\mathrm{d}y'\mathrm{d}z' \tag{A.15}$$

のように定義すると，磁場 $\mathbf{H}$ は

$$\mathbf{H} = \frac{1}{\mu_0}\mathbf{rot}\ \mathbf{A} \tag{A.16}$$

で与えられた．すなわちビオ・サバールの法則を満たしていた．

このベクトルポテンシャル $\boldsymbol{A}$ を用いると，A.4 節の結果を用いて

$$\mu_0 \operatorname{rot} \boldsymbol{H} = \operatorname{rot}\operatorname{rot}\boldsymbol{A} = \operatorname{grad}(\operatorname{div}\boldsymbol{A}) - \nabla^2 \boldsymbol{A} \tag{A.17}$$

ここで，$\boldsymbol{A}$ の不定性を利用して $\operatorname{div}\boldsymbol{A} = 0$ となるようにとることができるから，右辺の第 1 項はゼロとおくことができる．すなわち

$$\operatorname{rot}\boldsymbol{H} = -\frac{1}{\mu_0}\nabla^2 \boldsymbol{A} \tag{A.18}$$

実際に $\boldsymbol{A}$ として (A.15) の表現を用いると，電流には吸い込みや湧き出しはないから，$\operatorname{div}\boldsymbol{A} = 0$ とすることができる．ここで重要な点は，偏微分は x, y, z についてのみおこなうということである．したがって ∇^2 が作用するのは (10.24) のうち $1/r$ の部分だけである．ここでまず任意のスカラー関数にたいして

$$\nabla^2 \phi = \operatorname{div}(\operatorname{grad}\phi) \tag{A.19}$$

となることは，右辺を計算してみればすぐわかる．したがって (A.17) の第 2 項の x 成分は，(A.15) と (A.19) より

$$-\nabla^2 A_x = -\frac{\mu_0}{4\pi}\iiint j_x \operatorname{div}\left(\operatorname{grad}\frac{1}{r}\right)\mathrm{d}x'\mathrm{d}y'\mathrm{d}z' \tag{A.20}$$

いまの場合 $\phi = 1/r$ となっているが，$\operatorname{grad}(1/r)$ はクーロンの法則による電場の表現と，$q/(4\pi\varepsilon_0)$ という定数を除いて，同一である．実際 (A.20) において

$$\operatorname{grad}\frac{1}{r} = -\left(\frac{x-x'}{r^3}, \frac{y-y'}{r^3}, \frac{z-z'}{r^3}\right)$$
$$= -\frac{\boldsymbol{r}}{r^3} \tag{A.21}$$

と計算されるから，これは上に述べた定数を別にすれば，$\boldsymbol{r}' = (x', y', z')$ の位置にある点電荷による電場ベクトルと同じ表現である．

このような場にたいしてはガウスの法則が成立する．その微分形を思い出し (7.16) の定理を用いると

$$\int \boldsymbol{E}\cdot\boldsymbol{n}\,\mathrm{d}S = \int \operatorname{div}\boldsymbol{E}\,\mathrm{d}V$$

A.5 ビオ・サバールの法則からアンペアの法則の微分形を導くこと

であった。すなわち、ある位置 r における電場の体積積分をその体積の表面の積分で表すことができた。(A.20) は $dx'dy'dz'$ についての積分の形になっているが、(A.21) の場は、電荷が $r = 0$ の1点にしかない形をしているので、$r = 0$ のまわりの微小な空間について $dxdydz$ について積分しても結果は同じである。ただし j_x は x', y', z' のみの関数である。

そこで、(A.21) で表される場の表面積分を考える。半径 r_0 の微小な球を考えると表面積は $4\pi r_0^2$ である。また場の大きさは (A.21) より r_0^{-2} である。r_0 の値をゼロに近づけていけば、積分領域はいくらでも小さくなり j_x の値は一定とみなせるから、(A.20) は結局

$$-\nabla^2 A_x = \mu_0 j_x \tag{A.22}$$

となる。同様に y 成分、z 成分も考えてまとめると

$$-\nabla^2 \boldsymbol{A} = \mu_0 \boldsymbol{j} \tag{A.23}$$

となる。これと (A.18) から

$$\mathbf{rot}\,\boldsymbol{H} = \boldsymbol{j} \tag{A.24}$$

すなわちアンペアの法則の微分形が得られた。

問題解答

問題 1.1 直列接続でも並列接続でも，最終的にはそれぞれの電池は放出可能なエネルギーを失うので，どちらでも取り出せるエネルギーは同じである．実際に抵抗値 R の抵抗を接続して考えると，直列の場合は起電力 V の 1 つの電池に流れる電流は $2V/R$ である．このとき抵抗で消費する電力は $4V^2/R$ である．一方，並列の場合は 1 つの電池に流れる電流は $V/(2R)$ で抵抗で消費される電力は V^2/R である．電力は 1/4 であるが電流も 1/4 であるのでそれを 4 倍の時間流すことができ，同じエネルギーと電荷を供給することになる．

問題 2.1 内積は b_x, b_y, b_z を定数として

$$b_x \Delta x + b_y \Delta y + b_z \Delta z$$

と書けるので，x, y, z についての積分の和の形になる．ところが始点と終点が一致するのでそれぞれの積分はゼロとなる．

問題 3.1 式 (3.1) および (3.2) より，力はおよそ 9×10^9 ニュートンという巨大な値になる．固体のなかでは電子の負電荷を打ち消すだけのイオンによる正電荷があるために全体として中性であり，力が著しく弱められている．

問題 3.2 r に沿った線素は Δr，それに直交した線素は $r \Delta \theta$ と考えてよいから **grad** をこの場合に読み替えて，$E_r = -\dfrac{\partial V}{\partial r} = \dfrac{2p \cos \theta}{4\pi \varepsilon_0 r^3}$, $E_\theta = -\dfrac{\partial V}{r \partial \theta} = \dfrac{p \sin \theta}{4\pi \varepsilon_0 r^3}$ が得られる．

問題 4.1 r_0 より小さい半径の球を考えるとその内部には電荷がないから，ガウスの法則により電場はゼロである．中心からの距離 r が r_0 より大きい場合の電場の大き

さ E (外向きを正とする) は，半径 r の球の内部の総電荷が $4\pi r_0^2 \sigma$ であるので，ガウスの法則により

$$E4\pi r^2 = 4\pi r_0^2 \sigma/\varepsilon_0 \qquad \text{よって} \qquad E = (\sigma/\varepsilon_0)(r_0^2/r^2)$$

したがって，電位は $r > r_0$ のとき $V(r) = (\sigma/\varepsilon_0)(r_0^2/r), r < r_0$ のとき $V(r) = (\sigma/\varepsilon_0)r_0 = $ 一定，となる．

問題 4.2 点電荷から導体平面におろした垂線の足を点 P とする．導体表面の電荷分布は，対称性により，導体面上で点 P からの距離 r だけの関数であることがわかる．そこで P から距離 r のところで，電荷分布を含む底面積 S の薄い円柱を考えてガウスの法則を適用する．導体の（点電荷のないほうの空間）では電場がゼロであるから，点電荷から遠いほうの底面は積分に寄与しない．また，円柱の厚さを十分に小さくすれば円柱の側面も積分に寄与しない．そこで点電荷に近い側の底面に垂直な電場の成分を求めると，点電荷の寄与と電荷分布の寄与を（符号に注意して）加えることにより

$$E_n = -\frac{Q}{4\pi\varepsilon_0(r^2+d^2)}\frac{d}{\sqrt{r^2+d^2}} + \frac{\sigma}{2\varepsilon_0}$$

となる．そこで，この薄い円柱にガウスの法則を適用すると

$$E_n S = \left(-\frac{Q}{4\pi\varepsilon_0(r^2+d^2)}\frac{d}{\sqrt{r^2+d^2}} + \frac{\sigma}{2\varepsilon_0}\right)S = \frac{\sigma S}{\varepsilon_0}$$

これから

$$\sigma = -\frac{Q}{2\pi(r^2+d^2)}\frac{d}{\sqrt{r^2+d^2}}$$

問題 5.1 接続する前の 2 つのコンデンサに蓄えられたエネルギーの和は

$$E_0 = \frac{1}{2}\left(C_1 V_1^2 + C_2 V_2^2\right)$$

また接続したのちにコンデンサ C_1 から C_2 に移動した電荷を q とすると $V_1 - \dfrac{q}{C_1} = V_2 + \dfrac{q}{C_2}$ となるから $q = \dfrac{C_1 C_2 (V_1 - V_2)}{C_1 + C_2}$ となる．

これから，接続後の電圧は $V = \dfrac{C_1 V_1 + C_2 V_2}{C_1 + C_2}$ となるが，これは電圧を容量で比例配分した値になっている．

このときのエネルギーを計算すると $E_1 = \dfrac{1}{2}(C_1 + C_2)V^2 = \dfrac{1}{2}\dfrac{(C_1 V_1 + C_2 V_2)^2}{C_1 + C_2}$ となるからエネルギーの変化量は $E_0 - E_1 = \dfrac{1}{2}\dfrac{C_1 C_2 (V_1 - V_2)^2}{C_1 + C_2}$ となる．このエネルギーは抵抗 R の発生するジュール熱に変換される．

問題 6.1 誘電体球殻の内面に $-q$,外面に $+q$ の分極電荷が現れたとする.誘電体内部の半径 r の球を考えてガウスの法則を適用すると,電場は真電荷と分極電荷の両方によるから $4\pi r^2 E = \dfrac{Q-q}{\varepsilon_0}$ となり,したがって $E = \dfrac{Q-q}{4\pi\varepsilon_0 r^2}$.

また電束密度は真電荷だけによるから $D = \dfrac{Q}{4\pi\varepsilon_0 r^2}$ となる.$\varepsilon_r = \dfrac{D}{E}$ であるから $q = \dfrac{\varepsilon_r - 1}{\varepsilon_r}Q$ となる.これは (6.14) 式の静電遮蔽と同じものである.これを E の式に代入すると $E = \dfrac{Q}{4\pi\varepsilon_0 \varepsilon_r r^2}$ となって誘電体の存在により $(1/\varepsilon_r)$ に低減されている.

誘電体の外部の電場は,分極電荷が打ち消しているから Q だけによる電場と同じである.$r < r_1$ の場合も Q だけによる電場が生ずる.

問題 6.2 電圧 V が一定で容量 C が変化する.誘電体が入っていないときの容量は

$$C_0 = \varepsilon_0 L^2 / d \tag{B.1}$$

誘電体が完全に入りきったときの容量は

$$C = \varepsilon_r C_0 \tag{B.2}$$

であるから誘電体のうち長さ x の部分が極板内部にあるとすると

$$C = C_0(1 + (\varepsilon_r - 1)x/d) \tag{B.3}$$

一方,容量が ΔC だけ変化すればコンデンサの電気的エネルギーは

$$\Delta W = \Delta C V^2 / 2 \tag{B.4}$$

だけ変化するから,(B.3) により誘電体を入れるとエネルギーが増大するようにみえる.しかしこれでは誘電体にはたらく力は引き込まれる力ではなくて押し出される力になってしまう.そこで電源のなした仕事を考えると,C が ΔC だけ増大するとその分電荷 ΔQ を供給するから $\Delta Q V$ だけの仕事をしたことになる.この大きさはちょうど (B.4) の 2 倍である.電源がこれだけエネルギーを失いコンデンサがその半分だけエネルギーをふやすから,全体として

$$\Delta W = -\Delta C V^2 / 2 \tag{B.5}$$

というようにエネルギーが低下するので,誘電体は引き込まれる.その力の大きさは (B.3) を (B.4) に代入して x で微分することにより

$$F = (\varepsilon_r - 1)C_0 V^2 / (2d)$$

$$= (\varepsilon_r - 1)\varepsilon_0 V^2 L^2/(2d) \tag{B.6}$$

となる．

問題 6.3 容量は (B.3) にしたがって変化するが電荷 Q が一定なので電圧 V が変化する．コンデンサの電気エネルギーは

$$W = QV/2 = (C_0 V_0)^2/(2C) \tag{B.7}$$

これを C で微分して考えると

$$\Delta W = -(C_0 V_0)^2 \Delta C/(2C^2) \tag{B.8}$$

引き込まれる力は，(B.3) を (B.8) に代入して x で微分して符号を反転すれば求められる．すなわち

$$\begin{aligned}F &= (\Delta W/\Delta x) = ((C_0 V_0)^2/(2C^2))(\Delta C/\Delta x) \\ &= V_0^2 C_0(\varepsilon_r - 1)/(2d(1 + (\varepsilon_r - 1)x/d)^2) \\ &= V_0^2 L^2(\varepsilon_r - 1)\varepsilon_0/(2d^2(1 + (\varepsilon_r - 1)x/d)^2)s\end{aligned} \tag{B.9}$$

となって，引き込む力は x に依存する．

問題 7.1 電荷を Q とすると $\mathbf{div}\left(\dfrac{Q\boldsymbol{r}}{4\pi\varepsilon_0 r^3}\right) = \dfrac{Q}{4\pi\varepsilon_0}\mathbf{div}\dfrac{\boldsymbol{r}}{r^3}$ であるが $r = (x^2+y^2+z^2)^{1/2}$ に注意して，まず x についての偏微分を計算すると

$$\frac{\partial}{\partial x}\frac{x}{r^3} = -x\frac{3}{r^4}\frac{x}{r} + \frac{1}{r^3} = \frac{-3x^2 + r^2}{r^5}$$

同様にして

$$\frac{\partial}{\partial y}\frac{y}{r^3} = \frac{-3y^2 + r^2}{r^5} \quad \text{および} \quad \frac{\partial}{\partial z}\frac{z}{r^3} = \frac{-3z^2 + r^2}{r^5}$$

となるから，これら 3 つを加えると

$$\mathbf{div}\frac{\boldsymbol{r}}{r^3} = \frac{-3(x^2+y^2+z^2) + 3r^2}{r^5} = 0$$

となり証明された．

問題 8.1 磁位の差は (8.9) 式により $p_m = d\sigma_m$ で決まっているから，厚さが 2 倍になれば磁位の差も 2 倍である．また (8.8) 式により立体角が同じにみえる位置（距離が 2 倍に離れている位置）で磁位が 2 倍になることに注意しよう．磁荷密度が半分に

なれば厚さが2倍でも磁位の差は不変である．また距離が2倍離れているところで磁位は変わらない．

問題 9.1 (9.10) より $H = \dfrac{Ia^2}{2(a^2+x^2)^{3/2}}$ を x について $-\infty$ から $+\infty$ まで積分する．$x = a\tan\theta$ と変数を置き換えると，$dx = a(1/\cos^2\theta)d\theta$ に注意して，$\dfrac{I}{2}\displaystyle\int_{-\infty}^{\infty}\dfrac{a^2}{(a^2+x^2)^{3/2}}dx = \dfrac{I}{2}\int_{-\frac{\pi}{2}}^{\frac{\pi}{2}}\dfrac{\cos^3\theta}{a}\dfrac{a}{\cos^2\theta}d\theta = \dfrac{I}{2}[\cos\theta]_{-\frac{\pi}{2}}^{\frac{\pi}{2}} = I$ となってアンペアの法則が成立している．

問題 10.1 $\boldsymbol{B} = \mathrm{rot}\,\boldsymbol{A}$ によって計算すれば，1)，2) のどちらの場合も確かに

$$\boldsymbol{B} = (0, 0, B_z)$$

となる．しかしながら，1) または 2) のベクトルポテンシャルを生み出すような（発散しない）有限の電流分布を考えることはできない．このことは別に驚くにはあたらない．無限に広い平面に電荷が一様に分布している場合，電場の向きは面の表側と裏側とでは反対であったが，(4.15) によりこの面で仕切られた半分の空間では電場は一様であった．逆に考えれば，有限の電荷密度 σ を考える限り**全空間を一様な電場にすることはできない**のである．

同様にして，無限に広い平面を流れる一様な電流密度 λ による磁場は (9.7) で与えられたが，面の表側と裏側とでは磁場の向きは逆であった．逆に考えると**全空間を一様な磁場にする（発散しない）有限な電流密度分布は存在しない**のである．

問題 10.2 $\boldsymbol{B} = \mathrm{rot}\,\boldsymbol{A}$ を計算すると，$x = 0$ の場合を除いて，$x > 0$ の場合と $x < 0$ の場合とで磁場が反転する．これは，無限に広い ZY 平面内を Y 軸方向に流れる電流によってつくられる磁場と振る舞いが同じである．このことから，無限に広い平面内を一様に流れるときベクトルポテンシャルの1つの形は，問題に与えられた形であることがわかる．

実は，無限に広い平面内の一様な電荷による電場の場合は (4.22) によって，電位は面からの距離の絶対値に比例することがわかる．したがって，この例（無限に広い平面）では，電気の場合の電位と磁気の場合のベクトルポテンシャルが似た振る舞いをするのである．両方に共通するのは，場の源が2次元的であって，これによる場が1方向を向いた1次元的なものになっていることである．すなわち場が1次元的なときは，電気と磁気の非対称性が消えてみえるのである．

問題 10.3 $0 < x < d$ のとき $A_y = (B_z/2)(2x - d)$，$A_x = A_z = 0$ となる．これから $\mathrm{rot}\,\boldsymbol{A} = (0, 0, B_z)$ が得られる．ちなみに平面内の電流密度は (9.7) により，$(\lambda/2) = B_z/2\mu_0$ を満たすようにとればよい．

このように，全空間ではなく空間が限定されていれば，有限な電流密度によって一様な磁場をつくることができるのである．

問題 11.1 XZ 平面内において電流の一部を含むような長方形を考え，その長辺を X 軸に平行に，短辺を Z 軸に平行にとってそれぞれの長さを L および d とする．磁場の x 成分を面の一方の側で H_x とすれば反対側では $-H_x$ である．d はいくらでも小さくできるからこの長方形に沿ってアンペアの法則の積分形を適用すると $2H_x L = \lambda L$ よって $H_x = \lambda/2$ となる．

磁場の z 成分 H_z がゼロであることは以下のようにしてわかる．無限平面を $x = z = 0$ の直線で 2 分割すると，$x > 0$ の半無限平面からは $x = 0$ かつ $z = z_0 > 0$ のところに負の H_z をつくることはビオ・サバールの法則から直ちにわかる．同様にして $x < 0$ の半無限平面からは同じ位置に正の H_z がつくりだされて，両者を加えると打ち消すことが対称性の考察によりわかる．

以上により求める磁場の大きさは $\lambda/2$ で，向きは z の正の側では X 軸の負の向き，z の負の側では X 軸の正の向きを向いている．

問題 12.1 2 つを重ねて 1 つの閉回路をつくると同一の電流で 2 倍の磁束が生ずる．またトポロジーを考えると，(12.9) 式により磁力線は導線に 2 回巻きついているので，インダクタンスは 2 倍になる．したがって全体として自己インダクタンスは $4L$ となる．

問題 13.1 コイル 1 の電流が I_1 から $I_1 + \Delta I_1$ に変化したとしよう．この影響を受けてコイル 2 の電流は

$$\Delta I_2 = -k(I_1 + \Delta I_1)$$

だけ変化する．同様にして

$$\Delta I_1 = -k(I_2 + \Delta I_2)$$

ここで題意により $I = I_1 = I_2$ であることに注意して，2 つの式の差から

$$(\Delta I_2 - \Delta I_1)(1 - k) = 0 \qquad \text{よって} \qquad \Delta I_1 = \Delta I_2$$

また 2 つの式の和から

$$(1 + k)(\Delta I_2 + \Delta I_1) = 2kI$$

以上より

$$\Delta I_1 = \Delta I_2 = Ik/(1 + k)$$

となる．特別な場合として 2 つのコイルが重なって $k = 1$ になれば電流は半分に減ることになる．

問題 14.1 磁束密度の境界面に垂直な成分を磁性体の内外についてそれぞれ B_{1y}, B_{2y} と書き，平行な成分を B_{1x}, B_{2x} と書く．まず，垂直成分は境界面で連続であるから

$B_{1y} = B_{2y}$ となる．また磁場の平行成分が連続であったことを思いおこすと，磁束密度の境界に平行な成分については $\mu_r B_{2x} = B_{1x}$ となる．以上より $\tan\theta_1 = \mu_r \tan\theta_2$ という関係が得られる．なおここでの μ_r は**磁場と磁束密度の比例関係が成立していなくても定義可能**であり，与えられた磁束密度と磁場の比から定まる量であることに注意しよう．

問題 14.2 9.5 節で説明したように，**等価電流と比較して同等になるのは磁性体の外部の磁場または内外の磁束密度であって，内部の磁場は同等でない**．8 章で説明したように，永久磁石では磁位は磁性体の内部を通っても外部を通っても保存場として同じように変化する．永久磁石の外部では磁束密度ベクトルと磁場ベクトルは同じ向きであり正のエネルギーをつくりだす．また一般に，永久磁石のエネルギーといってもどのような状態と比較したかを定義しないと定まらない．無限に離れた正負の磁荷の状態を基準に考えると，これらを近づけた状態ならば明らかにエネルギーは減少するし，もともと分極していない状態から正負の磁荷を引き離したと考えるのならエネルギーは増大する．熱力学では (14.12) 式のようなエネルギーは「内部エネルギー」とよばれ，熱エネルギーの出入りを計算するには経由した状態を考慮せねばならないことがわかっている．

問題 15.1 定電流電源が接続されているのだから本文の (15.4) と (15.5) において $\Delta I = 0$ である．
よって
$$\Delta U = \Delta L I^2 / 2 \tag{B.10}$$
$$N \Delta \Phi = I \Delta L \tag{B.11}$$
と書ける．しかし電源が接続されているので電源のエネルギーの増減も考慮に入れなければならない．電源が供給した（したがって失った）エネルギーは，微小時間 Δt について
$$\Delta U_p = -IV \Delta t \tag{B.12}$$
となるが，この V は磁束の変化による起電力 V' とつりあっていなければならない．すなわち
$$-N\Delta\Phi/\Delta t = V' \quad \text{かつ} \quad V + V' = 0 \tag{B.13}$$
(B.11), (B.12), (B.13) から Δt と V を消去すると
$$\Delta U_p = -\Delta L I^2 \tag{B.14}$$
という関係が得られる．

以上により (B.10) と (B.14) の両方を考慮したエネルギーの増減は
$$\Delta U_T = -\Delta L I^2 / 2 \tag{B.15}$$

となる．すなわちインダクタンスが増大すると全エネルギーは減少するから，閉回路はインダクタンスの増大する方向に力を受ける．

問題 16.1 コイルを外力 f によって Δr だけ動かしたとすれば，外力のなした仕事は $f \cdot \Delta r$ である．コイルはこのエネルギーを磁気エネルギーの形で受け取るわけであるが，このエネルギーは

$$\Delta E = \frac{1}{2}L(I + \Delta I)^2 - \frac{1}{2}LI^2 \approx LI\Delta I$$

よって，f の Δr 方向の成分を F とすると

$$F = LI\frac{\Delta I}{\Delta r}$$

となる．すなわち ΔI だけでなく I にも比例する．

問題 16.2 図 16.5 の閉回路 OPCD を貫く磁力線の総数は変化しないので起電力は生じないように考えられるが，実際には起電力を生ずる．これを**単極誘導**という．この原因を考えてみよう．

まず導体にはプラス電荷のイオンとマイナスの電荷をもつ伝導電子があることに注目し，後者は導体の巨視的動きに追随して動くことに注意しよう．だから導体を回転させると内部の伝導電子も同じ角速度で回転しようとする．このとき，外部に磁束密度があるので，それぞれの伝導電子に (16.9) のローレンツ力がはたらく．そのときの起電力は (16.18) すなわち単位時間当りに磁束を横切る量で与えられた．いまの場合，単位時間に横切る面積 S は $S = r^2\omega/2$ で与えられるから，求める起電力は $V = r^2\omega B/2$ である．したがって，流れる電流は $I = r^2\omega B/(2R)$ となる．当然，抵抗はエネルギーを外部に散逸させるから，一定の角速度で円盤を回転させるには外力による仕事が必要である．

以上のことを，少し違った視点から考えてみよう．まず正イオンは電荷が逆符号であるから伝導電子と逆のローレンツ力を受けるであろう．たとえば円盤のかわりに水素原子が回転していたとすると，陽子と電子は互いに逆符号の力を受けて分極するはずである．この分極により半径方向に電場をつくるはずでありこれが半径方向の電位の源となっていると考えてよい．したがって，円盤が導体でなく誘電体であったとすれば分極せねばならない．この分極の大きさは外周に近づくほど大きくなることはローレンツ力が速度に比例することから明らかであろう．

問題 17.1 軌道 s に沿った電場の大きさを E_s とすると (17.7) 式より

$$2\pi RE_s = \left|-\frac{d\Phi}{dt}\right| \quad \text{となるから} \quad E_s = \frac{1}{2\pi R}\frac{d\Phi}{dt} \tag{B.16}$$

一方，荷電粒子の軌道に沿ってはたらく力は $\frac{d(mv)}{dt} = qE_s$ であるから (B.16) を代

入して t について積分すると，$t=0$ で $\Phi=0$ に注意して

$$mv = \frac{q\Phi}{2\pi R} \qquad (B.17)$$

また磁場によるローレンツ力による軌道半径は (15.16) より $R = \frac{mv}{qB}$ であるから，R が一定の条件はこれを (B.17) に代入して

$$B = \frac{\Phi}{2\pi R^2} = \frac{\Phi}{2S}$$

すなわち，荷電粒子近傍の B はその軌道の内側で $\Phi = B_0 S$ を与える磁束密度 B_0 の大きさの半分でなければならない．

問題 18.1 Z 軸の正方向，負方向に進む電磁波の電場をそれぞれ

$$E_1 = E_0 \sin(kz - \omega t)$$
$$E_2 = E_0 \sin(-kz - \omega t)$$

とすると，磁場は (18.25) のようにそれぞれ k および $-k$ がかかるので

$$B_1 = B_0 \sin(kz - \omega t)$$
$$B_2 = -B_0 \sin(-kz - \omega t)$$

という形になる．これらから

$$E_1 + E_2 = -2E_0 \sin(\omega t)\cos(kz)$$
$$B_1 + B_2 = 2B_0 \cos(\omega t)\sin(kz)$$

が得られる．したがって，電場も磁場も時間によらずゼロになる位置があるがそれらは互いに位相が $\pi/2$ だけずれていることがわかる．同様に時間変化も位相がずれている．このような電磁波を**定在電磁波**という．

索　引

欧　div, 73
　　grad, 22
　　rot, 98

ア　粗さ平均の原理, 82
　　アンペア, 174
　　アンペア・アワー, 3
　　アンペアの法則, 89, 129, 136, 158

イ　イオン, 24, 147, 153
　　一意性の法則, 15
　　位置のエネルギー, 19
　　インダクタンス, 151

ウ　ウェーバー, 76
　　薄板磁石, 78, 82, 93, 95, 117

エ　永久磁石, 135

カ　回転, 98
　　回転対称性, 25, 33, 162
　　ガウス, 85
　　ガウスの定理, 73
　　重ね合わせの原理, 15, 23, 25, 96, 168

キ　起電力, 24, 150
　　境界面, 60
　　強誘電体, 53

ク　屈折, 61, 63
　　クーロン, 2, 174

コ　勾配, 93
　　コンデンサ, 156

サ　サイクロトロン運動, 144, 162
　　作用反作用の法則, 10, 148

シ　磁位, 77, 83
　　磁荷, 75, 96
　　磁化電流, 130, 132, 134
　　磁荷電流密度, 130
　　磁気分極, 132
　　磁気エネルギー, 136, 141
　　磁気エネルギー密度, 135
　　磁気感受率, 130, 132
　　磁気双極子, 77, 78

194　索　引

磁気分極ベクトル, 80, 85
電磁誘導, 123, 161
次元記号, 173
次元の変化, 35
自己インダクタンス, 117, 141
仕事, 10, 24, 45, 58
仕事率, 3, 125
磁性体, 128
磁束, 116, 123, 128, 141
磁束密度, 38
磁場, 76
充電, 45
自由電子, 24
重力, 19, 38, 176
ジュール熱, 3
真空の透磁率, 76
真空の誘電率, 13, 30, 33
真磁荷, 107
真電荷, 50, 53, 64, 65, 131, 160
真電荷密度, 157
真電流, 130, 135, 136

ス　スカラー場, 6
スカラーポテンシャル, 106
スカラー量, 6, 22
ストークスの定理, 119

セ　静電エネルギー, 46
静電エネルギー密度, 59
静電遮蔽, 58, 186
静電場, 17, 37
線積分, 7, 16, 18, 51, 100, 118, 136

ソ　双極子電場, 27
双極子モーメント, 49
相互インダクタンス, 121
相対論, 144

ソレノイド, 113

タ　対称性, 24, 33, 36, 85, 90, 91, 111
帯磁率, 130, 132
対数発散, 40
縦波, 170
単位ベクトル, 13, 30
単極磁荷, 75, 96, 107, 131, 160
単極誘導, 191

チ　中心力, 19
直線偏波, 171
直列接続, 47

テ　抵抗, 150
定在電磁波, 192
定常電流, 82, 84
テスラ, 85
電圧計, 124
電位, 15, 24
電荷密度, 37, 39, 40
電気感受率, 53
電気双極子, 25, 54
電気双極子モーメント, 27
電気素量, 2
電磁石, 137
電磁ブレーキ, 153
電束密度, 53
点電荷, 12, 30
電場, 14
電流, 81
電流密度, 81, 84, 104, 158

ト　等価電流, 83, 105, 130
等価電流密度, 130
透磁率, 104, 133
導体, 23, 43, 49, 65, 66, 153
等電位面, 21
トポロジー, 120, 162, 189

索引

ナ 内積, 8, 10, 22, 31, 59, 101, 177
内部エネルギー, 190

ハ 発散, 39, 40, 72, 73, 89, 119
発電器, 152
波動方程式, 167
反磁場, 133, 136
半導体, 49

ヒ ビオ・サバール（Biot-Savart）の法則, 83
比透磁率, 130
比誘電率, 54, 57
表面積分, 8, 31, 183

フ ファラッド, 45
フレミングの左手の法則, 146, 175
フレミングの右手の法則, 152
分極電荷, 50, 51, 63, 65
分極ベクトル, 56

ヘ 閉曲面, 31
平行板コンデンサ, 40, 43
並列接続, 47
ベクトル積, 85, 87, 178

ベクトル場, 6
ベクトルポテンシャル, 103, 106, 121
ベータトロン, 161
変圧器, 163
偏微分, 21, 93, 160, 179

ホ 法線, 22, 63
保存場, 103
保存力, 19, 23

マ マクスウェルの方程式, 156

ユ 誘電体, 51
誘電分極, 51
誘電率, 54, 60

ヨ 容量, 45
余弦定理, 177
横波, 166, 170

リ 立体角, 32, 79, 179

ロ ローレンツ力, 140, 147, 150, 161, 191

ワ ワット, 3

著者略歴

宮原　恒昱
（みや　はら　つね　あき）

1975年　東京大学大学院理学系研究科博士課程終了
現　在　東京都立大学大学院理学研究科物理学専攻 教授
　　　　理学博士
著　書　「シンクロトロン放射」（共著，日本物理学会編，培風館），
　　　　「物性測定の進歩II」（共著，丸善）他

電磁気学入門

2002年12月20日　初版1刷発行

著　者　宮原　恒昱 © 2002
発行者　南條　光章
発行所　共立出版株式会社
　　　　東京都文京区小日向 4-6-19
　　　　電話　東京(03)3947-2511番（代表）
　　　　郵便番号 112-8700
　　　　振替口座 00110-2-57035 番
　　　　URL http://www.kyoritsu-pub.co.jp/
印　刷　啓文堂
製　本　協栄製本

検印廃止
NDC 427
ISBN 4-320-03421-X

社団法人
自然科学書協会
会員

Printed in Japan

JCLS ＜㈳日本著作出版権管理システム委託出版物＞
本書の無断複写は著作権法上での例外を除き禁じられています．複写される場合は，そのつど事前に
㈳日本著作出版権管理システム（電話03-3817-5670, FAX 03-3815-8199）の許諾を得てください．

■物理学関連書

http://www.kyoritsu-pub.co.jp/　共立出版

物理学の基礎常識	後藤憲一著
新しい物理学 第2版	福田信之他編
一般教育 物理 第2版	橋本万平著
基礎物理	大槻義彦著
基礎 物理学	後藤憲一著
基礎 物理学Ⅰ・Ⅱ	後藤憲一他著
新しい物理へのアプローチ	後藤憲一著
運動と物質 －物理学へのアプローチ－	穴田有一著
解説・演習 はじめての物理学	田中孝康著
解説・演習 はじめての現代物理学	田中孝康著
新課程 物理学の基礎	林 良一他著
看護と医療技術者のためのぶつり学	横田俊昭著
基礎 物理学演習	後藤憲一他編
詳解 現代物理学演習	後藤憲一他編
詳解 物理学演習(上)・(下)	後藤憲一他編
そこが知りたい物理学	大塚徳勝著
大学課程 物理学 第2版	鵜飼正和他著
大学教養わかりやすい物理学	渡辺昌昭著
地球環境の物理学	林 弘文他著
大学の物理 力学・熱学	檜原忠幹他著
物理学通論 第4版	新羅一郎他著
ぶつり －自然の美と神秘－ 第2版	大槻義彦著
物理入門 増補版	林 憲二他著
理工科系わかりやすい物理学Ⅰ・Ⅱ	渡辺昌昭著
基礎教育物理学実験 増訂2版	重田二郎監修
基礎物理学実験 増訂版	下村健次他編
物理学基礎実験 第2版	宇田川眞行他編
詳解 物理／応用数学演習	後藤憲一他編
物理のための数学入門 複素関数論	有馬朗人他著
結晶成長学辞典	結晶成長学辞典編集委員会
結晶成長ハンドブック	日本結晶成長学会編
結晶解析ハンドブック	日本結晶学会同ハンドブック編集委員会
結晶工学ハンドブック	結晶工学ハンドブック編集委員会
やさしい電子回折と初等結晶学	田中通義他著
カオス科学の基礎と展開	井上政義他著
カオスはこうして発見された	稲垣耕作他訳
力学系・カオス	青木統夫著
ローレンツカオスのエッセンス	杉山 勝他訳
材料評価のための高分解能電子顕微鏡法	進藤大輔他著
材料評価のための分析電子顕微鏡法	進藤大輔他著
ビデオ顕微鏡	寺川 進他訳
走査電子顕微鏡	日本電子顕微鏡学会関東支部編
多目的電子顕微鏡	多目的電子顕微鏡編集委員会編
ケプラー・天空の旋律(メロディー)	吉田 武著
身近に学ぶ力学	河本 修著
基礎 力学演習	後藤憲一編
基礎 力学概要	後藤憲一著
詳解 力学演習	後藤憲一他編
大学課程わかりやすい力学	渡辺昌昭著
力学ミニマム	北村通英著
技術者のための基礎物理 －力学－	飯島徹穂他著
工科の力学	松村博久他著
入門 工系の力学	田中 東他著
技術者のための基礎物理 －電磁気－	飯島徹穂他著
磁気現象ハンドブック	河本 修監訳
詳解 電磁気学演習	後藤憲一他編
電磁気学	大林康二著
電磁気学	安福精一他著
100問演習 電磁気学	今崎正秀著
マクスウェル・場と粒子の舞踏	吉田 武著
身近に学ぶ電磁気学	河本 修著
基礎 熱力学	國友正和著
統計熱力学	池田和義著
統計物理学	和達三樹他訳
基礎 量子物理学	寺澤倫孝他著
基礎 量子力学	鈴木昱雄著
工学基礎 量子力学	森 敏彦他著
詳解 理論／応用量子力学演習	後藤憲一他編
現代物理科学	石原 修著
実用レーザ技術	平井紀光著
超短光パルスレーザー	小林孝嘉訳
アインシュタイン選集1・2・3	湯川秀樹監修
Q＆A放射線物理	大塚徳勝著
物質の対称性と群論	今野豊彦著
新しい物性	石原 明他著
凝縮系物理	和達三樹監訳
フーヴァー 分子動力学入門	田中 實監訳
コンピュータ・シミュレーションによる物質科学	川添良幸他著
液晶の物性	石井 力他訳
非線形力学の展望Ⅰ・Ⅱ	田中 茂他訳
Excelによる波動シミュレーション	阿部吉信著
アビリティ物理 物体の運動	飯島徹穂他著
アビリティ物理 電気と磁気	飯島徹穂他著
アビリティ物理 音の波・光の波	飯島徹穂他著
アビリティ物理 量子論と相対論	飯島徹穂他著